suncolor

suncolor

靈界的科學

李嗣涔博士25年科學實證，
以複數時空、量子心靈模型，
帶你認識真實宇宙。

美國史丹福大學電機博士
前臺灣大學校長
李嗣涔 博士——著

suncolor
三采文化

推薦序

楊定一

我認識李嗣涔教授，已經接近二十年。當年，他還是臺大的教務長。有一個因緣，讓我們有機會交流。沒想到，我們一談下去，就涵蓋了生命點點滴滴的奧妙——從人體多重層面的潛能、生物的超導體，一路談到高速的螺旋場、神通、ESP（超感官知覺）、水的作用、水晶、非定形的元素態……。

過去，這些主題，我很少跟別人分享。畢竟，大多數專家連傳統的科學都忙不完了，更不用說去兼顧非傳統的科學。而且，這類非傳統的科學，感興趣的人向來不多。有興趣又能真正掌握的人，也是少之又少。如果沒有紮實的跨領域科學基礎，也深入不了。

在分享的過程中，我充分體會到李教授不光是心胸開放，反應極快，而且對這個主題相當有熱忱，更是非常的誠懇。也就這樣子，我們兩人成了好朋友。到他擔任臺大校長，我們還是保持聯繫。李教授也不斷跟我分享研究的最新情況和結果。印象中，每次見面，我們就像兩個小孩，完全投入所討論的主題，把其他事都擱到了一旁。

其實，物質之前的存在（也可以稱為微細的能量、心靈的力量，甚至暗物質或暗能量），從我個人多年來的體會，是由高速的螺旋場所組合的。這個機制，可以解釋所有人們眼中「意外」的現象，包括神通，包括ESP。

但是，我也同時知道，沒有相關的設備和儀器，要研究這些題目並不容易。當時，我也幫助李教授找到一個俄羅斯的相關設備，相信透過他追根究柢的科學精神，自然會找到物質和非物質之間的介面，甚至搭起一座橋梁。

身為一位科學家，我覺得最不可思議的是，李教授在那麼繁重的行政事務中，依然能夠保持對研究高度的專注。這一點，完全是現代年輕人最好的榜樣。

李教授的新作《靈界的科學》，相當程度反映了我所注意到的科學精神。在這個非傳統的科學領域，他對樣樣都不排斥，沒有任何觀念上的阻礙——這本身也反映他過人的智力，而會親自做實驗來驗證或推翻。科學的研究，也可以走出既有的框架。我認為，這種精神正是我們國人當前最需要的。

當然，從我個人的角度來說，生命全部的潛能，是我們每一個人都有的，倒不僅限於智力、頭腦或是ESP的層面。這種無限大的聰明——我過去稱為智慧，你我都有，而隨時都在等著我們找到。這一點，也是我個人多年來透過任何機會，都想和大家分享的。

我希望讀者透過李教授的新書，能體會到生命有種種神奇的奧妙，是我們一般人想不到的。但願透過這個啟發，能讓你繼續追尋，而走到最後，回到心。我指的是——自己的心，不動的心，大智慧的心。

作者序

打開宇宙真相的潘朵拉之盒——複數時空

臺大電機系　李嗣涔教授

二〇一八年四月二十七日，我到美國亞利桑那州的土桑市（Tucson）參加「二〇一八意識科學」（The Science of Consciousness）國際會議，這是繼二〇〇二年我隨著中華生命電磁科學學會成員到土桑市來參加超心理學研討會後，第二次來到土桑，期間已經相隔了十六年。

我記得二〇〇二年那次來的時候，我是來報告一九九九年我們手指識字實驗的新發現，也就是小朋友藉由手指識字辨識神聖字彙，例如：「佛」、「菩薩」、「耶穌」等與宗教有關的字彙時，他會看不見這些字，卻看到亮光、亮人、十字架等異象而發現了另外一個世界。當時我們把這個世界叫做「信息場」或「靈界」，會後我把這些發現投稿在網路期刊《*The International Journal of Healing and Caring*》，是用科學的方法來證明靈界的存在。

十六年後，這次我帶了一個新理論來解釋這些神奇現象的背後物理機制。我把這個理論於二〇一四年發表在國內的《佛學與科學》雜誌，用的是中文，有英文的摘要。這一次經過多年的改進，全文用英文發表，論文用了兩個假設：

第一個假設：這個宇宙是由一個八度的複數時空構成。四度為實數時空，就是物質的世界，也就是俗稱的「陽間」；另外四度為虛數時空，就是俗稱的「陰間」或者靈界。我把一九九九年所發現的信息場及靈界架構成虛數時空與我們物質世界的實數時空組合成一個真實的宇宙圖像——「複數時空」。

第二個假設：複數量子態的虛數 i 就是代表意識。因此意識是一個量子現象，可以稱做量子心靈。

讓我震驚的是，在會上發表的近兩百篇論文中，有一位物理學家伊莉莎白・羅切（Elizabeth Rauscher）博士的團隊，也提出了宇宙的真相是八度複數時空的物理模型。看著她發表論文時神采飛揚驕傲地宣稱在八度時空的模型下，量子力學的謎團如量子糾纏的非局部性（nonlocality）可以獲得完美的解釋，我感到無比的興奮。終於世界上有另外一個物理團隊，提出了跟我的第一假設完全一樣的複數時空，而第二假設則尚未有其他團隊提出。

我深刻感覺到真實宇宙的面紗在一九九九年被我們掀開，二〇一四年被我用理論架構出來，而要到二〇一八年起將逐漸被物理界認真的考慮。我認為宇宙真相的潘朵拉盒已經向物理界打開了。這次會議讓我有機會去了解現在國際上對意識的科學研究到底包含了哪些領域？經過統計後，大致分成下面六個主題：

一、分子及量子生物學

一九九四年起，意識的物理開始萌芽，英國牛津大學的物理學家羅傑・潘洛斯（Sir Roger Penrose）與美國亞歷桑納大學的骨科醫師史都華・哈默洛夫（Stuart Hameroff）共同提出意識的物理，認為意識的基礎不在神經活動電位上，而是發生在神經元內擔任骨架功能之微管束（microtubule）的物質進入有序的量子狀態。腦神經細胞壁是由許多可形成量子狀態的奈米微管束（～十四奈米）組成。

當感官接收刺激輸入大腦神經網路時，便會產生有序的量子狀態，是不同量子狀態的疊加態（superposition）。當時間流逝，外在環境如重力會影響這些量子態之演化，不同狀態之物質因分布不同時空導致引力能量差E等於兩狀態的時空間隔S（物理常數如光速、萬有引力常數，令其為一），則疊加狀態會崩潰顯現為唯一確定的狀態。意識就在客觀縮陷（objective Reduction，簡稱OR）時產生，也就是當量子態擴散到重力之變化滿足某些策畫（orchestrated）的條件下，宏觀的量子波會客觀的陷縮，簡稱為「Orch OR」。在宏觀量子態崩潰的一瞬間，大腦的意識就產生了；接著小部分微管束又開始進入量子態，意識就逐漸消失了。等待下一次的客觀縮陷機制，再產生新的意識，因此大腦的念頭是一波接一波，周而復始。

我認為他們的模型已經接近意識的本質，不過相反的是，意識的產生是在形成疊加的量子狀態時產生，客觀縮陷時消失。因為疊加的量子狀態是複數狀態，這時虛數意識可掃描進入量子狀態的神經網路架構，產生意識的內容如記憶、思想、判斷、行動。有時埋藏在神經網路的經驗會產生抑制力，讓我們不要衝動、給予建議限制行動。

二、泛靈主義

愈來愈多的神經科學家及哲學家不相信唯物論的觀點，認為物質的大腦是第一性的，意識是由複雜神經網路運作所湧現出來的性質，屬於第二性的。而開始相信主觀的感覺（feeling）、明瞭（awareness）等特性是任何物體本身的基本性質，給它取了一個名字叫做「感受質」（qualia），這種觀點稱為泛靈主義（Panpsychism）。

但是泛靈主義也碰到三大困難：

（1）基本粒子夸克、電子、原子、分子有「感受質」嗎？

（2）這些微小的原子、分子的「感受質」要聚集起來到什麼程度才會出現可以體驗到的意識？這個問題又叫做組合問題（combination problem）。

（3）大腦是如何組合這些原始的「感受質」，形成每個人所能經驗到的意識？

在我的複數時空意識模型之下，凡是進入複數量子態的物體，它的意識都會出現。因此只要進入量子態，「萬物皆有靈」，替泛靈主義提供了科學的基礎。

三、麻醉及迷幻藥所改變的意識

某些藥品注入人體後會改變人的意識，比如麻醉藥會讓人喪失意識，吃迷幻藥如二甲基色胺（Dimethyltryptamine，簡稱DMT）等會改變人的意識狀態，產生幻覺。因此研究這些藥物分子如何影響大腦神經傳導，與哪些神經受體結合，以及影響大腦哪一部位，對了解意識如何產生，以及在大腦的哪裡產生都有很大的助益。

科學界初步的結論是：藥物會打斷大腦神經網路間的一些長距離的信息聯繫。本來大腦是以模組方式處理輸入的信息，並有回饋網路連結不同模組，因此意識就是模組功能組合的結果。麻醉讓人失去意識，主要就是因為回饋網路被切斷，幻覺則比較複雜。我的大腦第六識理論是：靈魂掃描放電的神經網路時空結構而產生意識，大腦連結網路因麻醉或吃迷幻藥而改變，當然會改變意識的內容。

四、做夢及靜坐的研究

我們在睡眠時意識喪失，但是做夢時似乎意識又活躍起來，同樣的，靜坐時意識比較不活躍。因此分析這些狀態下的腦波，或是大腦核磁共振圖譜中休閒狀態時網路的變化，對意識的本質可以有比較深入的了解。

五、語言學及內在談話

對一般人而言，是左腦顳葉在操控語言，也是左腦運動區在操控右手；只有百分之一點五的人是用右腦操控語言。由於擅長用右手的人是多數，運動與操控語言共同競爭左腦神經區的結果，造成少部分的人的語言區會被迫散開到數個零散區域，甚至移往右腦，導致有些人會聽到內在聲音，而好像有人跟自己講話，被診斷為精神病患，這是人類發展語言的代價。

六、AI是否會發展出意識

人工智慧的發展一日千里，讓AlphaGo在圍棋上所向無敵，打敗世界棋王，很多例行性的工作也將被機器人取代。一般人更擔心的是，機器人是否會發展出像人類一樣的意識，而讓人類的生存受到威脅。

英國的物理學家羅傑・潘洛斯，他也是一九九四年最初提出意識的物理現象的兩位科學家之一。他用一個下西洋棋的例子，來說明他認為這不會發生。這一棋局是一個和局，稍有一點下西洋棋經驗的人一看就知道結果，但是他用西洋棋軟體中最厲害的程式——「深藍」輸入棋局卻得不出結論。因為程式設計沒有考慮過這種和局狀況。也就是程式不會自我判斷，由此他下結論：AI不會自行發展產生意識。根據我的意識模型，AI沒有進入複數的量子狀態，即然沒有虛數出現，也不會產生意識。

從這些研究主題來看，我的複數時空及意識的理論都可以提出非常深入的見解來解答這些問題，我衷心地相信這個宇宙已經揭開了神祕的面紗，就等更多的科學家投入來釐清祂的面目。

這本書我嘗試用複數時空及量子意識兩個模型去解釋宇宙大中小尺度所有的謎團，像暗質、暗能、超光速的量子糾纏、人體特異功能以及意識的本質，希望能對宇宙的真相有更進一步的了解。

我自一九九三年開始從事特異功能研究到今天已經二十五年了，除了中間有八年時間停止做研究外，剩下十七年我要感謝一些學者及企業家給予研究計畫的經費支援，讓這樣被視為怪力亂神的研究能繼續下去。第一位是中央研究院李亦園院士，邀請我參加他在中研院的群體計畫；第二位是長庚大學的楊定一董事長，第三位是潤泰集團尹衍樑總裁，都在我研究過程中支持研究計畫，讓我在實驗上及理論上有很大突破。尤其是尹總裁的支持，讓我在理論上有巨大的突破，在此表達深深感謝之意。另外功能人高橋舞、沈今川教授、孫儲琳以及許多被我訓練出功能的小朋友和他們的父母給了我很大的幫助及啟示，在此一併致謝。

另外，雲南大學物理系朱念麟教授授權給我使用他的念力斷火柴的實驗照片，沈今川教授及孫儲琳女士授權我使用老子網站首頁的照片，以及湖北省博物館方勤館長授權我可以使用館藏太陽神紋石刻照片，也一併深深致謝。

目錄 CONTENTS

第二章

耳朵及手指識字的實驗啟示

第三章 發現虛數時空，探訪神靈網站

第四章 一物兩象與特異功能原理

第五章

心靈與意識的科學奧祕

第六章

星際通信新科技——尋找外星人

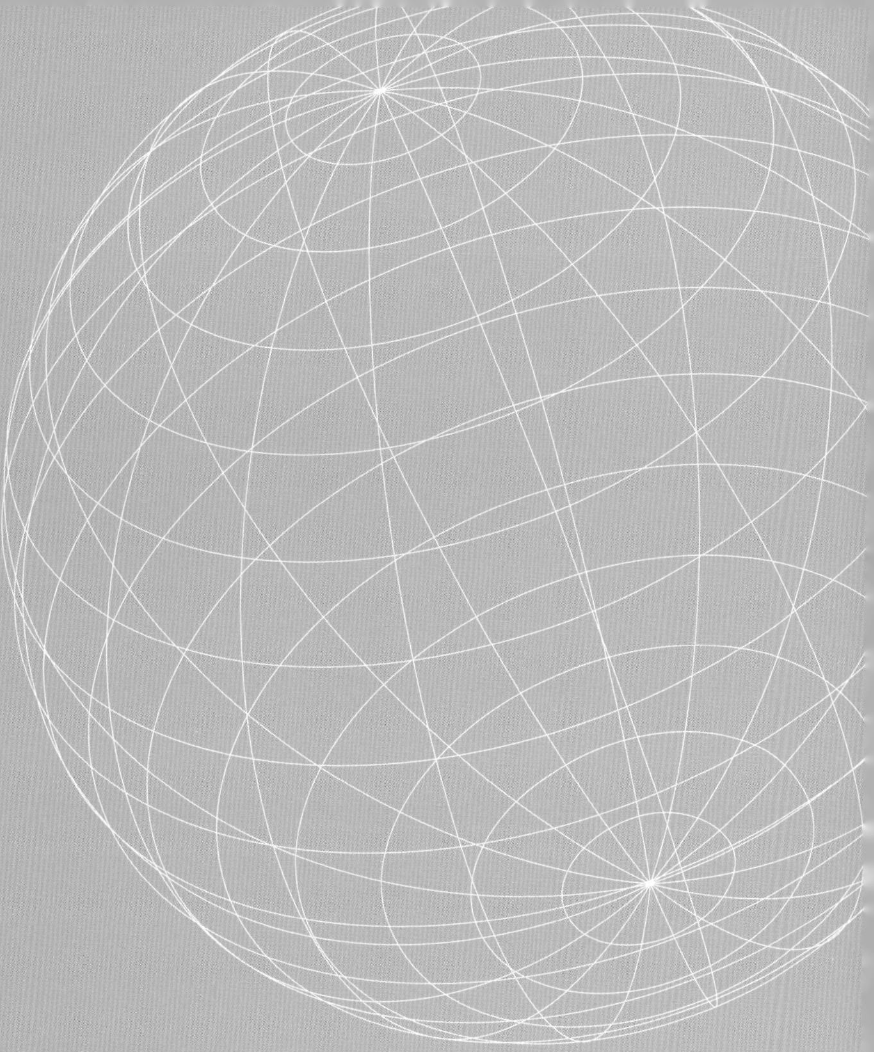

第一章

靈界在哪裡？

在國內物理學界近十位學者的見證下，
發現我們所處四度時空的物質世界之外，
似乎還有一個世界的存在，
當年我把這個世界稱作信息場，
也就是俗稱的靈界。

二十世紀末宇宙大尺度謎團的重大發現——暗能、暗質

二十世紀末的一九九八年時，兩組天文學者宣布了一項石破天驚的發現：我們的宇宙充滿了一種能量可以抵抗銀河間的萬有引力，導致宇宙正在加速膨脹，這股能量叫做暗能（dark energy），被當年科學上最重要的期刊之一《科學》（*Science*）選為當年度「科學的突破」（The Break of Science）。五年以後的二〇〇三年，美國的威爾金森微波非等向性探測衛星（WMAP）[1]以探測宇宙微波背景輻射所得的數據，再配合其他數據如史隆數位巡天計畫（SDSS）[2]所得的上百萬個銀河的資料，再度證實宇宙具有大量的暗能，也被二〇〇三年《科學》期刊選為當年度「科學的突破」。

宇宙充滿了大量暗能

大約是一百三十六億年前，宇宙從混沌中以大霹靂的爆炸方式產生了時間與空間，噴出的能量轉化為基本粒子、原子、分子以致物質星雲的出現。星雲之間的萬有引力會逐漸減緩當初時空爆炸膨脹的速度。但是物理學家從觀測星空發現，離我們遠去的銀河系內變星[3]的光強度卻比預測的強度要弱，也就是它們的距離比我們預測的還更遠，它們離開我們的速度比預測的要快，顯示「宇宙正在加速膨脹」。而在短短的十三年後，也就是二〇一一年的諾貝爾物理獎就頒給領導發現宇宙加速膨脹現象的三位物理學家——伯馬特（S. Perlmutter），施密特（B. P. Schmidt）及瑞斯（A. G. Riess），這個暗能竟然占了宇宙能量的百分之七十三，並具有斥力[4]的性質。

另外，從一九七〇年代宇宙學物理學家從螺旋銀河的旋轉速度到了銀河邊緣仍不下降的現象，發現宇宙存在大量的暗質（dark matter），具有引力的性質，占宇宙能量的百分之二十三。**而正常的能量，也就是我們現在已知的科學所能了解的能量只占宇宙能量的百分之四**。表示我們對大尺度真實宇宙的認知完全不清楚，「暗質、暗能的物理本質到底是什麼？」——成了大尺度宇宙的最大謎團。

編註1
威爾金森微波非等向性探測衛星（Wilkinson Microwave Anisotropy Probe，WMAP）
是美國太空總署（NASA）的人造衛星，目的是探測宇宙大爆炸後四十萬年殘留的輻射溫度。

編註2
史隆數位巡天計畫（Sloan Digital Sky Survey，SDSS）
是利用美國新墨西哥州的一架直徑二點五公尺的望遠鏡，對北半球天空進行的巡天探測，可拍下北半球的全天星空圖影像，讓我們了解星系的距離、演化。

編註3
變星
指亮度與電磁輻射不穩定且經常伴隨其他物理變化的恆星。

編註4
斥力
指物體之間互相排斥之力，和引力相反。

宇宙小尺度謎團的重大發現——超光速的量子糾纏

描述微小尺度量子世界的「量子力學」是二十世紀最成功的兩大物理理論之一，用來描述基本粒子、原子及分子的世界；另外一個理論是「相對論」，用來描述宇宙的重力。今天的網路、手機及電腦文明就是量子力學發展的成果。但是量子力學所描述量子世界的本質，例如哥本哈根詮釋[1]引發的爭議，經過了九十年，直到今天還是不能完全令人滿意，最大的爭議有三項：

第一，描述粒子行為的波函數解$\Psi(\vec{r},t)$[2]或量子場論中的量子場都是複數函數，**過去沒有人了解複數的含意，因為複數不能被測量，能被測量的物理量必須是實數。**

第二，任何粒子或物體的運動必須滿足薛丁格（Schrodiger）方程式或狄拉克（Dirac）方程式，這是一個決定論（deterministic）的方程式。也就是在時間為零的時候，如果知道粒子的位置及速度，那麼到時間 t 的時候，粒子的位置及速度就可以計算出來，但是哥本哈根詮釋卻把波函數的平方當作粒子出現的或然率，非常的不合理。

第三個最嚴重的是發現超光速的量子糾纏[3]現象。有連結的兩量子系統，處於混沌不定疊加的狀態，不論兩者相距多遠，只要其中一個或一部分被儀器測量而確定狀態時，另一個也瞬間被決定，其之間訊息的傳遞是遠超過光速的，違反相對論的結論——光速是所有速度的上限，因此被愛因斯坦提出EPR悖論[4]批評為「幽靈般的超距作用」。

由此可見，充斥在我們生活中的奈米尺度的宇宙也是充滿謎團，正等著我們一一解開。

編註1

哥本哈根詮釋（Copenhagen Interpretation）

是量子力學的一種詮釋。根據哥本哈根詮釋，在量子力學裡，觀測創造實像，在沒有觀察之下，量子系統處在一種疊加狀態。

編註2

$\Psi(\vec{r},t)$

Ψ是粒子的波函數。r是粒子的位置，t是時間。

編註3

量子糾纏（quantum entanglement）

在量子力學裡，當兩個粒子彼此產生交互作用後，其自旋或極化方向糾纏在一起有一定的關係（比如自旋相反），這個關係隨著兩粒子遠離而不會改變，此現象稱作量子糾纏。

編註4

EPR悖論

一九三五年，愛因斯坦與波多爾斯基及羅森聯名發表「量子力學能完整地解釋真實的量子世界嗎？」的論文，反駁哥本哈根詮釋的正確性，被稱為「EPR悖論」。

宇宙中尺度謎團的重大發現——信息場（靈界）

二十世紀末第二項石破天驚的發現，發生於一九九九年人體特異功能研究的手指識字領域。

人體特異功能像心電感應、遙視、念力等，從古以來歷史上就有大量的記載，是宇宙中尺度的人體所發生的謎團，在西方正式的科學研究是從一八八二年的英國開始，稱之為超心理學（Parapsychology）。到現在，雖然經過了一百三十年的研究，也發表了大量的科學文獻，但是仍不受主流科學界、尤其是物理界的重視。

東方的研究主要是從一九七九年中國大陸開始了手指及耳朵識字、念力等特異功能研究。同樣的，因為手指識字現象超越現代科學的框架，不能用現代科學解釋，因而不受主流科學界的重視，但是它的重要性卻是比暗能、暗質有過之而無不及。

手指識字及念力是宏觀的心物合一

我從一九九六年開始重覆中國大陸自一九七九年起訓練兒童手指識字及念力研究成果，經過反覆測量了幾十位九到十七歲青少年手指識字的能力，證實他們能用手指觸摸內容含有文字或圖案的折疊紙條，而在腦中看到這些文字或圖案。

文字與圖案的出現，有時是一個部分接著一個部分依序出現，有時是整個字或圖形會同時出現在大腦內的一個螢幕（第三眼）上。當手指識字能力訓練嫻熟以後，有少部分兒童可以訓練出念力，用意念折彎鐵絲，我們認為這種手指識字及念力功能的產生是宏觀的心物合一現象。

就在一九九九年，我們有了重大的發現。**在國內物理學界近十位學者的見證下，我們發現用一些與宗教或歷史上神聖人物有關的特殊字樣如：「佛」、「菩薩」、「耶穌」、「孔子」、「老子」、「唵嘛呢叭咪吽」或符號「卍」、太極圖，這些青少年會在腦中用第三眼看到亮光，或是發光的人像、廟宇、十字架，有時會看見暗的人影或聽到聲音，與以往總共超過八百次手指識字的結果完全不同。**但是一旦破壞神聖字彙，例如：將佛字刪除一筆一畫，或加一撇成為「佛」字，則異象消失，只會看到被破壞的字彙。這個現象相當於網路世界的網址概念，神聖字彙就是網址，可連結到一個網站，表示在這個世界之外，似乎有一個信息的網路世界存在。

為了確認這些現象不是由於小朋友對神佛認知的崇敬之心所導致大腦產生的幻覺，我們改用藏文、希伯來文等小朋友不認識的神聖字彙來測試，結果一樣產生異象，看到亮光、亮人等；一旦破壞神聖字彙，則異象消失，小朋友只能看到被破壞的字彙。這證實了異象不是大腦產生的幻覺。

我們在一九九九年後又經過了五年的實驗，發現我們所處的四度時空物質世界之外，似乎還有一個世界存在，當年我把這個世界叫做信息場，也就是俗稱的靈界。因為裡面有許多高智能的神靈存在，可以連上它們的網站而且進去參觀。而這個信息場似乎是由不同的信息網站所構成，而神聖字彙就是與對應信息網站連接之網址。

至於手指識字時，是否能藉點入這個網址而與網站連上取回信息，還要看小朋友大腦之功能而定。這個功能就好比網路的瀏覽器，高功能的小朋友表示手指識字正確率高，瀏覽器之版本很新，可以看到各種網站之信息。功能較差的小朋友，大腦瀏覽器之版本較舊，只能看到有舊版信息之網站，因此能產生異象之神聖字彙較少。由此觀察，我們開始了解物質的宇宙與信息場世界構成了一座錯綜複雜的網路世界。

特異功能研究揭示的四大謎團

我從一九九三年開始研究特異功能中的手指識字，一開始就觀察到一個現象，手指識字要能夠成功，小朋友的大腦一定要先打開「第三眼」，也就是天眼。天眼開啟時，就像大腦裡面突然有一個像電視螢幕的畫面被打開，會遮住正常的視覺，然後可以看到色彩或字形，天眼出現一陣子後會消失再又打開，把文字或圖案一步步展示出來。

當時我沒有讀過神經生理學，因此到臺大附近的書店把看得到的教科書都買回家仔細研讀，我想，「手指尖有感光細胞嗎？」，查了幾年文獻都找不到。而且我們的紙團通常都放入暗袋中，袋中根本沒有光或是極微弱的光，基本上沒有光源，如何將黑暗的信號送給大腦看？更重要的是，有的小朋友隔著塑膠盒，根本沒有碰到紙，也一樣看得見，信號顯然也沒有經過眼睛的視神經系統。那大腦為什麼可以先看到顏色，再一步步看到字形？我經過了幾年思索，對手指識字的原理一直困在原地打轉，連一小步也無法前進，終於我決定放棄現代的神經生理學，因為它對了解手指識字毫無幫助。

放棄現代科學的架構，另起探索爐灶

一九九五年，我認識了中國地質大學人體科學研究所的高功能人孫儲琳女士，她具有超過六十種不同的念力，想了解她的潛能可以參考《是潛能？還是特異功能？》一書。根據她的說法，特異功能要想成功，一定要先開天眼，然後把目標物如花生、錢幣、湯匙等調入天眼，與目標物溝通、操控、以意念改變目標物，當天眼中的變化完成後，再將信號送回物質的目標物，等待目標物的變化完成後，念力就成功了。因此，不能打開天眼絕對無法產生念力，看了她令人瞠目結舌的實驗結果，我知道念力是無法用牛頓力學來了解的，一定要放棄現代科學的架構，另起爐灶才有可能真正搞清楚特異功能的物理機制。於是在我心中漸漸形成了必須解決的四大謎團：

謎團1　天眼的物理及生理機制為何？天眼與一般意識有何不同？特異功能為何需要開天眼才能成功？

謎團2　在手指識字及念力現象中，天眼掃描及傳遞信號的管道為何？

謎團3　靈界在這些特異功能操作的過程中扮演什麼角色？真實的靈界在哪裡？

謎團4　暗質、暗能、量子謎團、意識、特異功能是不同的現象嗎？還是存在著統一的架構可以解釋所有的現象？

二〇一二年世界末日的生命啟示

二〇一二年的世界末日說是一個關於地球末世論的傳說與謠言，它宣稱在美洲過去的馬雅文明中長達五千一百二十六年週期的馬雅曆將於二〇一二年結束，因此預言了地球、世界和人類社會在西元二〇一二年十二月二十一日之前後數天之內，會發生全球性的災難性變化，此說法與太陽風暴、地球磁極反轉等謠言結合，成為二〇一二年十二月民間瘋狂轟動的大事。

當然，最後地球安然無恙地度過這幾天，戳破了這項傳說。不過，有一項用來解釋這項傳說的說法卻深獲我心，**末日說並不是指地球會毀滅，而是指地球會躍升至捨棄過去一切的文明，譬如昨日死。二〇一二年起，人類會由一個比較落後的文明覺醒，而逐步提升到一個比較高等的意識及文明的境界。**

信息水的啟發

一九九九年，由於手指識字研究因而發現了靈界，我於二〇〇〇年七月把自己從一九八八年起所做的氣功及特異功能如手指識字、意識微雕、生物意識工程等十二年的研究成果整理出書——《難以置信：科學家探尋神祕信息場》。

出版兩個月後的有一天，我的一位同事國企系的湯教授來問我，王永慶董事長的女兒王瑞華及她的夫婿長庚生物科技董事長楊定一博士看了我的書，覺得很有興趣，想請我吃個飯大家聊一聊，那時候我恨不得把自己的發現與所有對此有興趣的人分享，自然很快答應了。

一見面之下，我發現楊博士及夫人都很年輕，那時大概才四十出頭。楊博士先給了我幾篇他一九八〇年代在洛克斐勒大學做免疫學研究時，在世界頂尖期刊《科學》（*Science*）、《自然》（*Nature*）所發表的論文，其中描述了白血球會產生一種特殊的蛋白質武器「穿孔素」殺死腫瘤及受病毒感染的細胞的機制。我想，他的目的是告訴我，他不只是做生意的商人，而是學有專精的學者及科學家。於是，我把過去十二年的奇遇及做特異功能的所見所聞，包括信息場的發現，詳細地講述給兩位聽。

楊博士靜靜地聽完以後，淡淡地說：「我也講一些我的研究給你聽聽。」接下來，我所聽到的故事簡直匪夷所思，不但有信息場的探索，比我發現的還要深入、還要更根本；他特別問我一些有關水的特性，尤其是經過特殊處理的水的一些奇妙的性質，像超流態[1]會從杯子中爬壁而出、向你走來，好像具有意識，我完全沒有聽過。並告訴我一些古埃及流傳下來有關水的知識。楊博士還讓我見識一下這樣的水做成的產品，並滴一滴在我的舌頭上，我感覺這滴水一碰到舌頭，瞬間消失於舌頭皮膚之下，不會停留在舌頭上一段時間。據楊博士告訴我，有時一滴水就可以治療一些疑難雜症。另外，他也提到微量元素的神奇效果，這些現象及故事真讓我聽得瞠目結舌，回去以後幾天睡不著覺，但是由於自己是外行無法驗證，也只能記在心頭。

隔了兩年，有一次我讓一位道家朋友W先生試了這瓶水中的一滴水，沒想到五分鐘後他竟然打起瞌睡來了，他說這滴水從舌頭直接鑽進大腦意識中心，關掉了他的意識，讓他昏昏欲睡。另有一次，我讓一位治因果病的靈療老師試了一滴，她感覺這滴水在胸口附近的食道徘徊，上上下下好像有意識一樣，在等待機會鑽進大腦，讓我對這瓶水產生了極大的好奇心，但是也無法更進一步了解這個特殊現象。

超意識的天眼如何形成？

二〇〇〇年開始，我對於病患使用靈療方法來治病產生了興趣。那一年在因緣巧合下認識了一位靈療者，親自觀看了靈療過程，讓我開始相信因果輪迴的存在。**很多的病其實是業障病，來自多次前世所累積的因果業力，因此我自二〇〇四年起，開始做拜懺的功課，每天做一圈一百零八拜，把功德懺悔迴向給累世的冤親債主**。做完功課，才開始一天的活動，吃早餐、漱洗、準備上班。

我記得就在二〇一一年十二月二十八日，當天早上做完拜懺以後，我突然靈光一閃產生了一個念頭——十二年前在二〇〇〇年時，楊定一博士告訴我有關水的奇異特性，所給我的特殊水製品，可能就是天眼的成因。幾天之後，進入二〇一二年元旦，我就突然像開了竅一樣，對於困擾了我二十年的手指識字、念力等特異功能謎團，好像在理論上打開了一個缺口，終於可以開始往前走一小步了。

我們的大腦裡像身體一樣滿布生理食鹽水，約占百分之七十左右，如果大腦有一小部分生理食鹽水在手指觸摸紙團的刺激之下進入特殊的超導態或量子態，天眼就形成了。剩下的問題是，這個天眼要如何與外面的世界如紙團或目標物接觸？是經過手指還是其他管道？如果是離體識字，紙團放在離身體一段距離之外，根本沒有用到手去觸摸，又該如何解釋？當時我猜測，可能是天眼形成了宏觀的量子波，穿出人體把紙團或目標物包圍起來，強迫紙團或目標物進入心物合一狀態，此時信息往大腦送就可以識字，當大腦用意識操控目標物就可以產生念力。但是又想不通量子波如何強迫其他物體進入量子狀態的方法。

二〇一二年中，我看到雲南大學物理系朱念麟教授寫的一篇文章，描述他訓練兒童的念力實驗的結果，獲得深刻的啟發。他把火柴裝在一個不透明的塑膠盒子中，由一位小朋友離體用念力把火柴搬運出盒子，成功搬出後，卻不知搬到哪裡去了，好像進入一個隱態空間消失無蹤。等了一段時間後，又要求小朋友把火柴搬回來，只見開天眼的小朋友說：「火柴出現了，飛來了」，但是沒有人看得見火柴，小朋友用手去打飛行中的火柴，還說火柴會閃避，似乎火柴出現了意識，可是一旦被打到，火柴就會顯身掉在地上。由此可以知道，透過意識搬運出去的火柴是藏在信息場或是靈界，只有天眼才看得見，一般人的正常眼睛是看不見的，朱教授因此把信息場叫做「隱態空間」，因為信息場是一個意識的世界，所以火柴在信息場才似乎有了意識，可以閃躲人的拍打。

而且，天眼似乎可以把目標物送入信息場藏起來，讓這些火柴信息可以在信息場自由飛翔，一旦受到撞擊就會物質化，而顯身在物質世界。只是當我解答了一個目標物藏身的問題，卻引發出更多的問題，比如天眼如何把目標物送進靈界的管道，我還是不清楚，靈界在哪裡？

編註1　超流態

當物質如氦氣在低於臨界溫度2.15K時，其液體會進入宏觀的量子狀態，流動時沒有摩擦力，叫做超流態。

真實宇宙，包含實數空間與虛數空間

二〇一三年初，我的研究興趣轉向南氏去過敏療法[1]，嘗試去了解為何當病患手握過敏原的信息水製劑，加上刮通經絡及十幾個關鍵穴道後，一天不接觸過敏原就可以把身體過敏現象消除。其關鍵就是去證明抗原抗體分子的生化反應，不需要直接接觸，而是分子的時空結構X信息可以穿牆破壁經由另外一個管道來完成。

二〇一三年六月，我從臺大校長卸任休假一年，終於有時間可以好好地把二〇一二年以來所有對特異功能、宇宙實像的思考理論整理成一套邏輯比較完整的架構。那一年真是愉快，我好像回到了大學時代，行住坐臥都沉浸在解謎的氛圍中，常常早上醒來就有一些新的觀念出現，所謂日有所思、夜有所夢是也。

真實的宇宙是複數時空

我曾於一九九五年去北京，拜訪中國地質大學人體科學研究所的沈今川教授及高功能人孫儲琳女士（如下頁圖1-1所示），並合作研究特異功能四年，因此推薦給漢聲雜誌社的總編輯吳美雲女士出書。吳女士曾於二〇〇一年及二〇〇四年內兩度邀請我去北京，與沈今川教授及孫儲琳女士以對話錄的方式來談孫儲琳的六十項特異功能，她的成長歷史、功能的出現與操作的細節，以及特異功能理論的架構等問題。

書稿在二〇〇五年初已經完成，但是不巧的是，我在二〇〇五年六月就任臺大校長，不方便再出這方面的書籍，因此我要求這本書要在我卸任臺大校長以後再出版，獲得吳總編同意，結果一等就是八年。

二〇一三年六月底，我從臺大校長卸任以後不到三個月，在九月初的時候吳總編就把二〇〇一年完成的書稿寄來要我校對。

我看到十三年前的對話錄，不禁百感交集，特異功能的研究由於超出了現代科學的框架，就必須忍受主流科學的霸凌與壓迫，與四百年前的伽利略所面對的宗教壓迫是沒有兩樣的，只是他面對的是生命的死刑，而我面對的是主流科學界的各種攻擊。

圖1-1　與沈今川教授、孫儲琳女士探討特異功能研究

1995年9月，我第一次到北京中國地質大學人體科學研究院訪問沈今川教授及特異功能人士孫儲琳女士，看到他們多年來的研究成果。

包括我選臺大校長期間，外界曾利用媒體、學術雜誌、甚至動用諾貝爾獎得主的批評來打壓我。並在我當選校長一年後繼續發動事端，假借研究偽科學的理由，找我學生論文的麻煩，種種侵擾行為足以列入史冊，為這個時代主流科學界的行為留下見證。

在校對過程中，我赫然發現在二〇〇一年的對談過程中，我已經提出實數空間以及虛數空間的這種概念。

在物理的世界中，其長度、時間都是可以測量的，而可測得的物理量都是實數，也就是物質的世界就是實數空間。而二十世紀一九二〇年代出現的量子力學所描述的粒子是一個波函數，很不幸的是，波函數是一個複數，包含了實數及虛數，物理學家看到這個結果覺得很困惑，怎麼描述實際粒子的波函數竟然是個不能測量的複數，於是把這個複數平方後又變成實數，表示粒子出現的或然率。但是如果粒子真的就如複數波函數所描述的，牽涉到一個實數空間和一個虛數空間，那麼表示除了我們所身處的實數空間的物質世界之外，還有一個跟實數空間成共軛狀態而我們測量不到的虛數空間，看到這裡我豁然而通。

一九九九年我們做手指識字實驗時所發現的信息場，其實就是虛數的時空，原來我們真實的宇宙是一個複數的時空，有實數也有虛數。我在二〇〇〇年左右就形成了這樣的概念，只是沒有繼續琢磨、完善這個模型。

量子心靈概念的形成

二〇一三年十一月，我受邀去雲南昆明參加第二屆人天觀學術研討會，這是中國大陸自一九九九年取締法輪功以後，導致特異功能研究沉寂十多年來少數舉辦與特異功能研究有關的研討會，其中發表的論文有不少在討論過去三十多年來大陸所做的特異功能研究。會中我碰到了很多二十多年前做特異功能研究的老朋友，大部分研究者都已經退休了。

其中一位四川大學物理系的吳邦惠教授在演講時提到，她在一九八〇年左右，提出了量子波函數的複數i代表意識的想法，並給錢學森[3]寫了一封信提出這個概念，受到錢學森的鼓勵，但是最後發展不下去而不了了之。

我聽到她的演講真的像五雷轟頂，我發現的信息場也就是虛數時空，是個充滿了意識、神靈及信息網站，如火柴進入虛數時空後，也會產生意識可以閃躲人的拍打，不就是指明虛數i代表意識嗎？這時，量子心靈或量子意識的概念自我心裡油然而生，**原來意識就是指量子狀態出現，萬物皆有靈，只要物體進入宏觀量子狀態，虛數出現，意識就出現了，這個宇宙的真相已經呼之欲出了**。

從昆明回來後，我加快了理論的建構過程，提出「複數時空」及「量子心靈」兩大假設是破解宇宙之謎的關鍵，剩下的問題是「如何進入虛數時空？」、「靈界在哪裡？」。

二〇一三年年底十二月二十四日，我請道家朋友W先生晚餐，向他提到我這幾個月在複數時空及量子心靈理論架構上的突飛猛進，但是最大的困擾是，實數空間通往虛數空間的通道究竟在哪裡？

他提醒我，中國傳統的太極圖其實是一個三度空間的圓球，陰陽兩界各占一半，經過魚眼交換能量而達成平衡。突然之間他點醒了我，複數時空理論架構中實數時空與虛數時空如何溝通的問題，它們必須要經過一個渦漩的時空結構來溝通，讓信息從陰到陽、或從陽到陰。其中最可能的渦漩通道，應該就是粒子的自旋，它的物理原理我們在半年後才從已發表的廣義相對論文獻中發現。

由於每個基本粒子包含夸克、電子、質子、中子，其中都有自旋，自旋方向不是朝上就是朝下，自旋角動量[4]不論質量為何，都是 $\hbar/2$，其中 $\hbar$ 是普朗克常數除以 2π。因此每個粒子都有進入虛空的通道，通道無所不在。

二〇一四年一月六日我把正式論文《複數時空：解釋暗質、暗能、意識與特異功能的統一架構》[5]投到國內學術期刊《佛學與科學》，被接受後於二〇一四年三月刊登出來。

編註1　南氏去過敏療法

這種療法是先利用肌力測試，找出導致身體過敏的過敏原，然後經過二十分鐘的刮經絡、按摩穴道治療後，接下來一天二十四小時內，只要不再接觸過敏原，就可以完全去除過敏，恢復健康。詳細論述請見《科學氣功》。

編註2　「是特異功能，還是潛能？」的大師對談

請見《是特異功能？還是潛能？》，第一百七十四頁。

編註3　錢學森

浙江省杭州市人，世界聞名科學家，中國空氣動力學家，科學院、中國工程院院士。

編註4　自旋角動量

一九二八年，英國物理學家狄拉克證實每個基本粒子都具有自旋角動量，不管粒子質量多大，自旋向上或向下的角動量大小都是二分之一的$\hbar$，是普朗克常數h除以2π。

編註5　《複數時空：解釋暗質、暗能、意識與特異功能的統一架構》

請見《佛學與科學》期刊，第十五卷第一期，第十三到二十八頁。

提出兩大假設：複數時空與量子心靈

在《複數時空：解釋暗質、暗能、意識與特異功能的統一架構》論文中，我提出兩大假設：

第一假設：複數時空

真實的宇宙其實是一個八度的複數時空，除了目前所知的四度實數時空（陽間）以外，還有一個充滿意識及信息的四度虛數時空（可稱作信息場或陰間、靈界）存在（如圖1-2所示）。

為什麼要用八度而不是像超弦理論[1]用十一度空間呢？主要考慮的因素是平衡，陰陽必須要平衡，否則會像不平衡的化學反應一樣，會進行動態反應一直到平衡為止。

圖1-2　宇宙是八度的複數時空

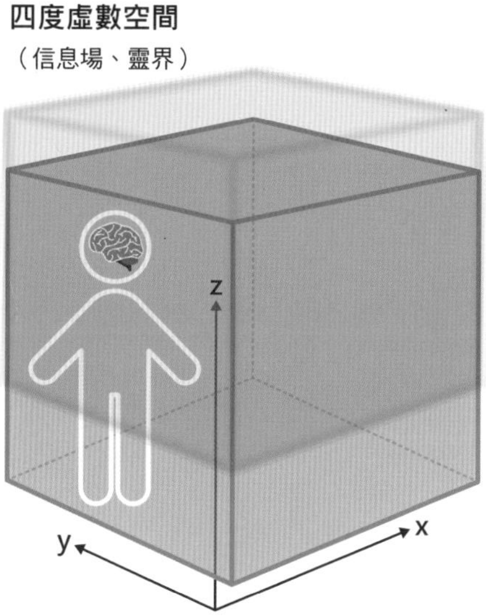

八度的複數時空，是由四度的實數時空及四度的虛數時空組合而成。四度的實數時空就是「陽間」，四度的虛數時空就是「陰間」（靈界）。人類大腦中的靈魂可以跨越實虛兩界。

既然實數空間有長寬高加上時間是四度時空，自然虛數時空也必須是四度。這種雙重世界的概念在中國儒釋道的體系早已傳承悠久，西方也已轉化為政治及宗教制度，例如由國王管理人民的俗世事物，由教皇管理人民的精神屬靈事物。

實數時空與虛數時空雖然關係密切，為同一複數時空的實部及虛部，但是其間存在實虛障礙（陰陽兩隔），僅僅藉由許多不同尺度的特殊時空點交換能量，這些連結點都是漩渦狀的時空結構，也就是三度空間中太極圖上的魚眼結構（如圖1-3所示）。

我假設實數時空與虛數時空就是太極圖上所嘗試描述的陽及陰，兩者相生相剋，其能量經過魚眼（漩渦的時空結構）互相溝通，因此實數及虛數時空中都有許多的魚眼具有漩渦結構可與另一時空接通，讓能量互相交換。除非物質小於漩渦尺寸或進入特殊狀態，否則不能隨意穿越。

一般物質存在於四度實數時空中，可以由四個座標（x，y，z，t）來定位，描述其運動。但是當物質如基本粒子、光子或物體進入微觀、宏觀量子狀態，必須用複數場來描述其量子狀態時，當複數物質波出現，物質波不受漩渦尺寸限制，就可以透過漩渦連結點穿隧進入虛數時空。

圖1-3　太極時空中，魚眼是陰陽溝通的渦漩通道

在3D太極的時空結構中，魚眼是陰陽互通的渦漩通道。經由無數魚眼的漩渦時空結構，方能達成陰陽兩界的溝通。

在虛數時空中，物質波的波速 u 與實數時空中物體的速度 v 滿足此方程式 $uv=c^2$，c 為光速。當物體在實數時空的速度小於光速時，（v＜c），則物質波的波速在虛數時空的速度會大於光速（u＞c），因此量子狀態的物質波可以很快地傳布到廣袤的虛數空間，也可以擷取過去及未來的訊息。此時最大的變化是物質的意識成分（虛數部分）被喚醒。**我認為虛數時空的意識、神靈及無數的信息網站都具有能量，相當於質量的存在，而這些質量就是暗質，具有引力的特性**。暗能，一般被認為是由廣義相對論中的宇宙常數所提供，也就是真空能量所產生的斥力。我認為複數時空中實數時空與虛數時空經由數量巨大的漩渦連結點緊密黏在一起，虛數時空的膨脹可以帶動實數空間的加速膨脹，導致暗能的出現。因此，虛數時空的存在回答了我提出的第三個謎題：「靈界在哪裡？」，也提出宇宙大尺度謎團如「暗質、暗能到底是什麼？」的解答。

第二假設：量子心靈

我提出的「量子心靈」的科學假設認為：意識是一個量子現象，由於虛數時空充滿意識及信息網站，虛數 i 在數學裡只是一個符號，但是在物理上它代表了意識，因此我認為複數量子場或量子波函數中虛數i的出現把意識帶進了物理學。量子力學早已把意識帶進了物理，只是沒有朝這方面探討、解釋。虛數部分與意識有關，這就是量子心靈的意義。

實數空間的物質要打破實虛障礙進入虛數空間的關鍵有二：

第一個方式是物質的尺寸要遠比自旋漩渦口的孔徑小，而且正好撞上連結點的通道口，得以進入虛數時空消失，而會在不同時間、在不同地點由另一漩渦連結點出口顯現。類似百慕達三角洲飛機或船艦的神祕失蹤事件。

第二個方式是物質只要進入複數物質波或量子場狀態一出現，就可以滲入虛數時空。我認為這個複數的物質波就是進入虛數時空的鑰匙。此時物質尺寸不再重要，量子波可以滲透穿隧經過很小孔徑的漩渦時空連結點（漏斗口）進入虛數時空。因為量子物質波在虛數時空的速度可以遠高於光速（u＞c），因此量子可很快地傳布廣袤的空間，也可以擷取過去及未來時間的訊息。光子比較特殊，在實數空間的速度及虛數空間的波速都是光速c。

在複數時空中的波函數導致在實數空間無法確切地測量粒子的動態性質，如位置及動量，因為其遊走於實數及虛數時空，在虛數空間與所有物質的虛像產生隨機碰撞，因此測量時當複數波函數崩潰回到實數時空後，只能得知其在位置 r 出現的或然率。兩個量子所產生的量子糾纏現象是發生在虛數時空，因為它們都經過自旋通道鑽入了虛空，虛空裡信息的交換及傳導是可以超光速的，因此量子糾纏信息超光速並不違反相對論。所以，複數時空的概念徹底解決了近百年來對量子力學本體論的迷惑，也就是量子力學所描述的「量子世界的本質到底是什麼？」的問題。

編註1

超弦理論

超弦理論認為組成世界的物質包括原子、電子、夸克等，都不是由實體物質構成的，而是由萬物的基本單位「弦」的震動所構成。「弦」的不同振動方式會形成不同的粒子，粒子又構成了世界。並且弦的振動是一種能量到實體物質的轉化，因此萬物的本質只是振動的能量而已。過去，人類對維度的探索僅止於四度，超弦理論誕生後，人類認知的維度變成十度空間加上一度時間即十一度時空，人類生活在三度空間中，因此無法感知高維度的存在，就像聽不到超聲波、看不到紅外線。

粒子自旋能劃破時空，連結陰陽界

每個粒子都有自旋，是一九二〇年代量子力學發展前所測量到電子的特性，而且只有兩種可能，一個自旋向上、一個自旋向下。自旋角動量的大小是 $\hbar/2$，其中 $\hbar$ 是普朗克常數除以 2 π，當時的物理學家為了解釋自旋現象，嘗試用了古典的圖像。

若一個電子的質量為已知，尺寸可以估計，將其看成一個古典的實心圓球，那就可以計算出電子要轉多快才能產生實驗所量得的自旋角動量，結果發現旋轉速度必須要超過光速，違反相對論，因此在大物理學家包立（Pauli）的警告下，主流物理學家從此噤聲，認為電子自旋是純粹的量子現象，沒有古典的圖像。

當然，一九二八年英國物理學家狄拉克（Dirac）所推導的相對論量子力學，自動得出粒子的自旋角動量只有向上或向下，大小為 $\hbar/2$，與實驗一致，更加深了自旋是量子現象的信仰。但是也有少數非主流物理學家證明自旋是一團有能量的量子波在狄拉克場下的旋轉行為，多少恢復了部分古典的圖像。

二〇一三年，俄國的廣義相對論大師Alexander Burinskii提出，自旋由於粒子過度旋轉（超光速）把時空撕裂劃出一個奇環口，形成兩片斷裂的時空，這個劃破時空的舉動打開了陰陽兩個世界的通道。

本來陽間與陰間像是一張紙的兩面，這張紙是無窮大，陰陽互不來往，但是只要紙上鑽了一個小洞，或劃破一道小口，則陰陽通道出現。如果一個化學鍵有兩個電子一個自旋向上、一個自旋向下，則會撕裂兩道口子，時空分裂為四片。在極小的空間中，四片斷裂的時空要兩兩相連接以維持一個穩定的時空結構。Burinskii 聲稱會以莫比烏斯帶（Mobius Strip）的方式連接（如圖1-4所示）。

當一條長方形紙條的頭尾正常相連，就會形成一條有寬度的圓圈，但是頭尾相連時，其中一頭轉了一百八十度再相連，就形成莫比烏斯帶，圖1-4展示的模型就是不同長寬比的紙條形成莫比烏斯帶的3D幾何構造。

很明顯的是，當長寬比等於四，形成的3D拓樸結構就是一個3D太極圖，有兩個洞口一個向上、一個向下，代表兩個不同自旋造成的結果，一個由陽到陰，另一個由陰到陽。這也解釋了量子力學裡的包立不共容原理（Pauli exclusion principle）——為什

圖1-4　3D莫比烏斯帶（Mobius Strip）

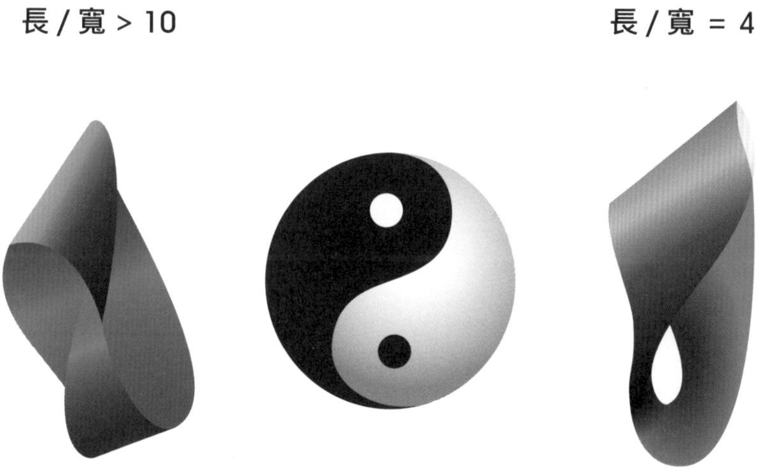

將一條長方形紙條其中一頭轉了180°再頭尾相連，就形成莫比烏斯帶。當紙條長寬比等於4，形成的結構就像是一個3D太極圖，有兩個洞口一個向上、一個向下，代表一個由陽到陰，另一個由陰到陽。

麼同一軌道兩電子的自旋必須不同，因為這樣一來才能形成穩定的太極時空結構，以及穩定的分子結構。

奈米尺度的漩渦時空結構就是基本粒子的自旋，只有兩種狀態，向上及向下，一個由陽旋入到陰，一個由陰旋入到陽，這解釋了為何一個空間內的量子軌道只容許兩個自旋相反的電子，因為可以形成穩定的三度空間太極時空結構，這也解釋了量子力學裡的包立不共容原理的物理成因。因為在空間軌道內放入兩個自旋相同的電子會造成不穩定的時空結構。

二〇一三年三月二十一日，歐洲太空總署（ESA）網站公布了普朗克衛星收集了五年的宇宙微波背景輻射數據[1]。這是一百三十六億年前從宇宙誕生的大霹靂爆炸後約四十萬年，初始塵埃散開到電磁輻射可以向宇宙發散後的殘留分布能量。這張圖顯示出兩個不正常的特徵：一個是兩半球溫度不對稱，南半球溫度稍高，另外一個是南半球出現一圈圓形的冷點。仔細一看，其實這張圖顯示了一個巨觀的太極圖，冷點就是魚眼，清楚顯示實數時空是由虛數時空爆發出來。當然現代宇宙學認為我們的宇宙是由真空能量爆發出來，名稱雖然不一樣，實質上則同為從虛空產生。

二〇一五年九月十一日，美國太空總署（NASA）的天文物理學家發現一個雙重黑洞星體[2]的產生速率是我們太陽系所在銀河的一百倍，各大媒體公布的想像圖像，就是平面太極圖的兩個位於魚眼位置的黑洞互相作用之結果，表示大量的能量在黑洞附近產生，這也顯示出太極的時空結構有很多異常現象產生。

總而言之，複數時空及量子心靈兩大假設的提出，可以開始合理的解釋暗質、暗能、量子力學的謎團，以及意識的本質，特異功能研究所引發科學四大謎團的第四個謎團似乎獲得了解答，但是要如何去理解宇宙中尺度的謎團「特異功能」呢？這要等到第四章才能加以討論。

編註1

宇宙微波背景
輻射數據

編註2

NASA 發現
雙重黑洞星體

第二章

耳朵及手指識字的實驗啟示

如果有一天，

能教會盲人用手指或耳朵來「看」，

用觸覺來取代眼睛，

人類社會中，將不再存在「盲」這種殘疾。

發現人體潛能——耳朵與手指識字

眼睛可以觀賞五彩繽紛的世界，耳朵可以聽見蟲魚鳥獸以及大自然所發出的各種聲音，手指可以摸出物體表面的平滑凹凸與冰涼熱燙。這些能力是一般人所擁有的基本能力，一點也不稀罕。但是，如果可以用手指「看」圖案，也可以用耳朵、腋下、膝蓋「看」圖案，就代表著觸覺的信號跑到了大腦中樞的視覺區域，那它所代表的意義就非同小可了。

盲人點字時，觸覺信號會牽動視覺

一九九六年四月，英國《自然》雜誌刊登了一篇文章，日本國家生理科學研究所的定藤規弘教授（Dr. Norihiro Sadato）的研究群，利用正電子發射斷層攝影數（PET）

及區域性大腦血流量之測量發現，**當已有點字經驗的盲人用手指觸摸盲文（Braille）上凸出的字體時，在大腦左右半球的視覺皮質區會有激發反應，這是科學界第一次發現盲人在摸點字時，觸覺信號會傳入視覺皮質，造成不同感覺信號互通之現象。**

但是定藤規弘教授等人又同時發現，當盲人不是摸點字，而是在摸一片均勻的凸出小點時，則觸覺信號不會傳入視覺皮質。而正常人在摸點字時，視覺皮質的血流量會減少，視覺區不但沒有激發，反而會受到抑制。這與一般腦科學家過去的認知是相符的，五官的感覺是不會互通的，眼睛瞎了，並不會造成聽覺或觸覺受損，而聽覺的損傷，也不會影響到眼睛所觀察的世界。

發現會耳朵識字的兒童

不過，早在一九七九年，四川省大足縣就發現了一個十一歲的小男孩，名字叫做唐雨，他具有耳朵識字的功能。若在一張小紙片上隨便寫一個字，然後將紙片折疊或揉成一小團，塞入耳朵中，他可以在幾分鐘內在腦中看到這個字。

這件事情經四川省的地方紙媒報導後，引起了很多人的興趣，不少四川省各地區的小學老師就在班上試試小朋友有沒有這樣的能力。結果不到一年，四川各地方紛紛報導具有耳朵聽字能力的小朋友，且有數百名之多。

這結果引起了北京大學生物系陳守良副教授的興趣。他於一九七九年底在北大開了一個兒童潛能訓練班，有五到十四歲的四十名兒童小朋友報名參加，各實驗不同的天數，結果其中十五位參加了四天以上訓練的兒童，有八成出現了手指識字功能；其他受到三天以下訓練的兒童成效較差，平均下來總共有十六名小朋友出現了手指識字的功能。

一九八〇年，杭州大學的田維順教授等人對杭州四所小學及四所中學的一千兩百二十二人做了四個小時的誘發測試，結果發現以九歲的兒童手指識字功能出現的比率最高可達到百分之二十。隨著年齡的增減，出現手指識字功能的兒童比率遞減。十歲及十一歲的兒童，出現功能的比率均為百分之十四左右；十二歲的兒童，出現功能的比率為百分之七；十三歲的兒童，出現功能的比率為百分之四；十四歲以上的一百五十位學生中當中，只有一位出現識字功能，如左圖2-1所示。

由此可見，我們隨著年齡的增長，學習的知識越多，當大腦松果體逐漸鈣化，產生手指識字能力的可能性就越低。

圖2-1　對小學生、中學生手指識字功能的測試結果

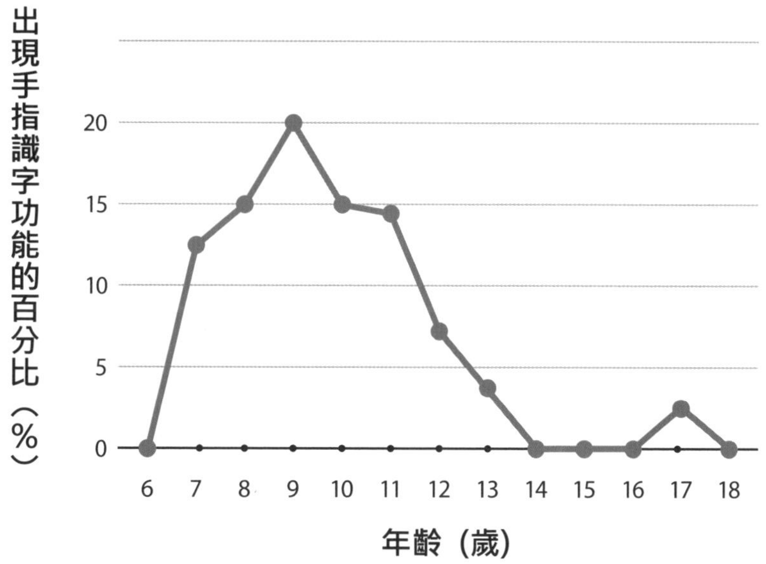

1980年，田維順教授等人對杭州4所小學及4所中學的1222人，做了4個小時的誘發測試，結果9歲小孩出現手指識字的比率最高。

上海市高校人體科學聯合研究組的邵來勝等人，從一九八二年起，對上海各高等校院的學生與老師及地區的工人，舉辦了「特異功能誘發訓練班」，**結果發現文化程度比較低的群眾中，比較容易誘發成功，特異功能提高速度也比較快。**

比如，在一九八六年一月，其訓練對象是十一名男女工人，年齡在十八到二十歲。學歷在小學程度的有兩人，國中程度的有九人。每天訓練一小時，總共訓練十八天。結果到了最後一天，每個人不但出現識字功能，還掌握了隔空把盒子內嵌施以念力彎曲的潛能，最厲害的人還能把鐵絲折斷，甚至搬運到遠處。這些具體的實驗數據在在都顯示了，手指識字功能的人體潛能確實存在。

手指識字，突破現代腦科學認知

手指可以摸出字來？耳朵可以辨認圖案？任何人第一次聽到這種事情，總會嗤之以鼻，把它打入怪力亂神之流。一九八七年，當我開始參與國科會所推出的氣功研究時，也抱著同樣的態度。隨著氣功研究的深入，接觸到越來越多的科學論文及大陸與日本媒體的報導，逐漸感受到這些現象，可能不但不是怪力亂神，還是人體科學的尖端領域，不過還是希望親自做實驗來證實。

第一次接觸到能用手指識字的人

我第一次接觸到具有手指識字功能的人，是一位十一歲的高橋舞小妹妹，時間是一九九三年。高橋舞小妹妹的父親是日本人，母親是臺灣人。她在臺中的一個國小讀到五年級後移民美國，由於外祖父母在臺灣，因此她每年都會回臺省親。

高橋舞的母親在她十歲那年，由於看到日本電視台的報導有手指識字這種事情，因此也讓她試了一下，結果發現她也擁有這項功能，她的母親興奮之餘也非常的重視，每天讓她練習幾次，因此當我們第一次碰面時，她的手指識字功能已經非常的穩定。

記得第一次見面的時候，是一九九三年暑假八月十七日的下午，地點在臺中的朋友家。歸國省親的高橋，紮著一條長長的馬尾，穿著牛仔短褲及短袖汗衫，由媽媽及外祖父母帶著前來。面貌清秀的她面對陌生人顯得有點靦腆，問她話時只是點頭及搖頭，偶爾會跟媽媽及阿嬤小聲說兩句。

開始做實驗時，我先在隔壁飯廳的桌上用不同顏色的筆寫了二十張紙條，並將每一張紙折疊幾次，務必要做到從外觀上看不到任何字的痕跡，然後拿進客廳，由在場的朋友從中間抽取一個交給高橋小妹妹，因此無人知道內容。

高橋用右手接下紙團後，摸了十三分鐘也看不見，這時她的母親拿出一個深綠色的布套，上緣繫有細的尼龍繩，把高橋的右手套入布套，再把套口的細繩抽緊，讓套口緊緊貼在手腕上，再在手腕上打了一個蝴蝶結。

根據高橋母親的說法，這是當初訓練高橋認字時，為避免她打開紙團或從紙團外偷看之用，時間久了，她也習慣了，不戴布套反而不容易「看」到字。

我帶了一台V8攝影機，全程拍攝她臉部及手的動作。也許是加了布套後更胸有成竹，只見她坐在沙發上東看看、西看看，左手有時會去捏那套在布套中的紙團，不到一分半鐘就說：「看到了棕色的田字。」她在一張空白的紙上寫上田字。結果打開一看，是紅色的「田」字。字形完全正確，顏色稍有差池（如七〇頁圖2-2所示）。

接下來，我們又做了三次實驗。第二次實驗時，將紙條用白紙盒蓋住、再用雙手蓋住白紙盒，她先看到「日」字，再看到右邊的月字，知道是「明」字，完全正確。第三次實驗時，用布套套住她的手，她在一分二十秒時看到黑色的「天」字，完全正確。第四次實驗時，用布套套住她的手，還將紙團用膠帶黏住，她經過十五分鐘還看不到，因而放棄。第五次不戴布套，十三分鐘後仍無法看到而放棄。總共五次實驗中，有三次成功，兩次失敗。

當時，我並不知道失敗的原因，只是覺得百分之六十的成功率，有點不可思議。因為當初選擇寫下的文字或圖案，沒有任何限制，倘若每一次實驗純粹是用猜的，猜中機率大概大於千分之一。而現場又是完全雙盲的狀況，沒有任何人知道高橋小妹妹手裡所拿紙條的答案。

圖2-2　高橋舞11歲手指識字的實驗結果

日期：1993年8月17日

正確答案	透視結果	實驗紀錄
		‧右手套上黑布套。 ‧屬事先準備好20個籤之一，無人知道內容。 ‧顏色：棕色，文字：正確。 ‧整個字同時出現。 ‧套布袋後一分半鐘看見字，不套布套13分鐘仍無法看到。
		‧紙張經折疊1次。 ‧再用白紙盒蓋住。 ‧雙手蓋住白紙盒。 ‧先看到「日」，再看到旁邊之「月」。 ‧當場在飯廳由石老師寫下。
		‧紙張折疊橫5次、縱3次。 ‧讓她右手套上黑布套。 ‧1分20秒左右猜出。 ‧整個字同時出現。 ‧在客廳當場由我寫下。
	紙張用透明膠帶黏住，識字失敗。	‧屬事先準備好20個籤之一。 ‧紙張折疊好後，用透明膠帶黏住。 ‧讓她右手套上黑布套。 ‧失敗，沒有猜出。

回臺北的路上，我懷著滿心的驚喜與疑惑，但五次的實驗樣本還是太少，仍不足證實此事的真實性。但如果手指識字是真的，其中信號傳遞的機制又是什麼呢？一個對現代腦科學認知挑戰的現象，已經浮現在眼前。

專家見證，手指識字的科學實證過程

有了第一次的接觸以後，我們利用高橋小妹妹回國省親的機會，每次利用二到四天的時間，對她手指識字的能力作了詳細的研究。第一回是一九九三年十月，第二回是一九九四年八月，第三回是一九九五年九月，第四回是一九九六年五月，第五回是一九九七年八月。

製作手指識字的實驗題目

在正式實驗之前，我們必須先製作題目。在第一及第二回實驗時，我們均裁下五公分乘上十公分的長方形白色紙條，然後用紅、綠、藍、黑四種顏色簽字筆，在紙條上寫上單色或多種顏色的文字，包括單個或多個中文、英文或畫上圖案、寫上算式等，然後沿長邊對摺後，以零點六到零點八公分之寬度，由中心往外疊六次，形成一個五公分長之細長條紙捲，再在三分之一處各向內摺一次。為了達到摺好之紙團務必無法由外觀看到任何字形及顏色的地步。有時，外面會再用膠帶黏貼，或再加一張紙包紮。

每回實驗時，我們準備的紙團均超過五十個，由實驗現場的來賓在另一房間當場書寫再折疊。第三及第四回實驗，則裁下三公分乘上十公分之長方形紙條，一端剪成尖錐狀。折疊時則從尖錐處摺起，摺向另一端，其目的在了解手指辨認圖案之方向，是由內向外或由外向內。

專家見證下的實驗過程

每次在實驗現場，旁觀的教授、學生、醫生或有興趣的人士，包含記者都在十人以上，有一到兩部攝影機從不同角度拍攝，以記錄實驗詳情。

第二及第三回實驗時，使用紅外線攝影機記錄手掌的溫度，並觀察她的手在布套或黑盒內觸摸紙團之動作。

實驗開始時，我會隨意請一位在場人士，任選一個紙團交給高橋小妹妹，沒有人知道紙團內容為何，以達到雙盲的效果。高橋小妹妹在右手拿到紙團以後，大部分情況下，要在右手套上一個深色布套，套口有繩子可以將套口縮緊綁在手肘上，如後面九六頁的實驗照片所示。布套內的餘光只有一般白光或燈光的萬分之一。有時會在布套上再罩一個黑紙盒，讓餘光強度再降一百倍以上。此時可以說紙團處在完全黑暗之中，不可能由眼睛直接看到紙上的顏色或任何字形、圖案。

在前三回的一百次實驗中，有二十五次，讓高橋小妹妹戴上眼罩阻絕光線，以了解眼睛在手指識字過程中所起之作用。有部分實驗不戴眼罩，但在暗室進行，暗室之餘光也只有開燈時之萬分之一。一旦綁上布套，即開始計算時間，到高橋小妹妹聲稱「看到」顏色或字，則停止計時。此時，小妹妹選擇所看到顏色之簽字筆，在白紙上寫出答案，並描述看到的景象。我會請在場人員協助脫掉布套，打開紙團做比較，並詳細記錄實驗過程中所發生的狀況，有時會請小妹妹將看到字形出現之順序，一筆一畫地寫出來。

除了手指識字，還能用耳朵聽字

朱小妹妹是我親自做過實驗中一位具有耳朵聽字功能的小朋友，她出現特異功能的過程相當傳奇。

一九九四年暑假，當時在臺北市光復國小就讀三年級的朱小妹妹與班上其他五位同學一起參加了一個旅行團，到大陸去玩。在訪問上海交通大學的時候，剛好碰到交大正在開班，訓練小朋友耳朵聽字功能，看到臺灣小朋友來訪，於是邀請大家一起來參加訓練。

朱小妹妹將第一個紙團放在耳朵內，花了四十多分鐘才看到，不過答案錯了；於是再塞一個紙團，十多分鐘後又看到了，這次完全正確。不可思議的是，從此她不但耳朵能識字，手指也可以識字，甚至把紙團放入不透光的底片盒，她也可以只摸盒子而看到內部紙團上的字。

同行的五位同學中，另外一位同學也出現了識字功能，不過錯誤率較高。**這顯示在十二歲以下的小朋友當中，手指或耳朵識字功能具有相當的普遍性。**

驗證耳朵識字功能

回到臺灣以後，好幾個電視台邀她們幾位同學上節目示範手指識字功能，我也是看到電視節目，才知道有這麼一位小妹妹，於是在一九九五年四月邀請她來臺大從事比較嚴格的實驗。

那是一個星期天上午，她的母親帶著她及妹妹來到實驗室，根據她母親的說法，她平常沒有練習，但是想「看」的時候就「看」得到。於是我們將事先準備好的幾十個紙團，隨機選了一個就開始了實驗，當然在場沒有任何一個人知道紙團的內容。

只見她雙眼凝視前方，好像陷入深沉的思考，兩手不停的轉動及戳揉紙團，經過十分三十秒只見她微微一笑，點點頭說看到了，隨即拿起綠色的筆在紙上寫了一個「弓」字，結果完全正確（如左圖2-3第一列所示）。字形在她腦中出現的順序，也是出現一部分再消失，然後再出現，這些字像拼圖一樣拼完後會散開再組合，並不穩

圖2-3　朱小妹妹的識字實驗結果

日期：**1995年4月16日**

正確答案	透視結果	實驗紀錄
		・手指摸字，未帶布套。 ・識字時間：10分30秒。 ・第一次出現的「一」「ㄷ」等字會消失，不會停留在腦裡一直到最後，併上整個字時，字會瞬間移動消失又顯現。 ・字像拼圖拼完以後再散開，以後再組合。。 ・識字順序：一→ㄷ→ㄹ→弓。
		・手指摸紙，雙手上套入藍布套，再加蓋上黑色紙盒，手指握測光探頭，整隻手套住布套。 ・識字時間：3分35秒。 ・先出現「ID」，再出現「ICI」。 ・字在視野內會移動，會消失再出現。
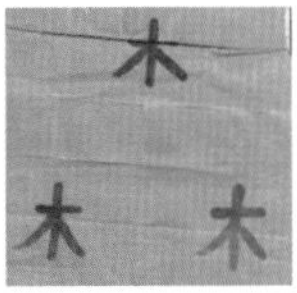	沒有看到。	・雙手套住藍布套，手上蓋上黑色紙盒，手指握測光探頭。 ・識字時間：15分。 ・紙被兩層包住，雖然無法看到字，但卻先看到黑色。 ・識字順序：「亠」→「木」→「杰」→字樣消失。
		・手指摸紙，蓋雙手黑布袖套，手握測光儀探頭。 ・到了24分鐘時，說看到綠色（其實很早就看到）。 ・識字過程中，這3個字都在移動。
		・手指摸紙，帶雙手黑布袖套，手指握測光儀探頭。 ・識字時間：14分26秒。 ・紅色先出現，字體未出現。 ・紙被多折後就難看出。
		・用耳朵聽字，把字團塞進耳朵。 ・識字時間：2分25秒。 ・識字順序：「土」→「圠」→「地」。

定。我推測她是因為平時沒有練習，不熟悉技巧的緣故。

第二次實驗，讓她看藍色的「豆」字，結果只花了三分三十五秒她就看到了，不過轉了九十度，成了橫躺的豆，如上頁圖2-3第二列所示。表示字在她腦中的螢幕上會移動散開再重組，仍不穩定。接下來，第三次實驗（如圖2-3第三列）花了十五分鐘，第四次（如圖2-3第四列）花了二十四分鐘，第五次（如圖2-3第五列）花了十五分鐘，不是看不完全，就是自己添加了一些內容。這時已近中午，朱小妹妹有些疲倦及不耐煩，於是又試了一次耳朵聽字（如圖2-3最後一列），結果只花兩分二十五秒就看到黑色的「地」字，答案完全正確。

對朱小妹妹而言，識字功能只是好玩，比較不能適應長時間嚴格的測試，包括攝影機的拍攝、手上戴上布套及握住測光探頭等要求。因此，直到一九九七年二月，我們才有機會對她做第二次測試。令人驚訝的是，朱小妹妹平日並不練習，兩年後手指識字功能似乎更強，一般簡單的認字實驗，她兩三分鐘就能看到，但是仍然不穩定。這與「不練習會退化」的一般現象是不同的，顯示她具有多種部位的識字功能，可能是來自天生的。

讓大腦打開天眼的特殊生理機制

高橋小妹妹在手指識字時，右手要套上布套或用黑紙盒罩住才看得快、看得對，這是當初母親訓練她時，為了避免她打開紙團或從紙團外偷看所用。時間一久，她也習慣了，不戴布套反而不容易「看」到字。

比如，在前三回合總共一百次實驗中，有九十一次之中，她手戴布套或僅以黑盒子罩住雙手，結果其中五十五次完全正確，占百分之六十的成功識字率。其中二十次顏色對了，但字形沒有看完全；其中十次字形完全正確，但顏色不對；完全失敗只有六次。但是，在剩餘九次雙手完全沒有遮蔽的狀況下，識字結果竟然沒有一次完全正確，反而有五次完全失敗。顯然，遮住雙手是高橋小妹妹手指識字成功的關鍵因素。

用手「觸摸」黑暗中的紙團

她的右手在布套裡究竟怎麼觸摸紙團呢？在一九九四年八月的第二回實驗中，我們想到可用紅外線攝影機來拍攝她雙手在黑盒內的動作。由於手有溫度會在紅外線範圍產生大量的黑體輻射波長，因此雖然在黑盒內的可見光很微弱，用一般攝影機無法拍攝，但是用紅外線攝影機可以將手部的動作看得很清楚。果然，我們從螢幕上可以清楚地觀察到，高橋小妹妹用雙手不斷地翻轉紙團，觸摸紙團的稜線，但是沒有打開紙團，而且盒內的光線只有一般正常亮度的萬分之一，即使用眼睛去看也看不見。

為什麼高橋小妹妹不戴布套反而「看」不見字形呢？我們從紅外線攝影機螢幕上看出端倪。螢幕上影像的顏色代表溫度，在不戴布套的狀況下，我們發現高橋小妹妹的手背及手指溫度會從藍色的攝氏二十八度，在三分鐘內迅速上升至黃色的攝氏三十四度以上，在這種情況下，即使超過三十分鐘也看不到圖案。但是，這時如果握一罐冰汽水，讓手溫降低到攝氏三十度以下，則在一分二十五秒後就看到了圖案。為了理解手溫上升的原因，我們又做了如下的實驗：

首先，第一次實驗時她沒戴布套，拿了紙團三分鐘後，手溫上升到攝氏三十四度以上。這時，我們用黑盒將她雙手蓋住，兩分鐘後將黑盒拿開，直接從紅外線攝影機讀出手背的溫度，發現已經降到三十二度；在用黑盒蓋住雙手的兩分三十秒後，她已經看到圖案，打開黑盒，我們發現她的手溫已經降到攝氏二十九度以下，顯然蓋上黑盒有降低手掌溫度的功效。

從物理上來分析，原本室溫二十五度，在手掌附近蓋上一個紙盒，紙盒內的溫度受到手溫的加熱，會比環境的溫度二十五度還高，在紙盒內溫度的提升下，又會影響手溫比在室溫下稍高。但是，結果手溫卻下降五度以上，這顯然是心理因素的影響。

高橋小妹妹一旦脫下布套，因心裡沒有把握而緊張起來，導致手溫上升，就不容易成功。**因此我們學到，在訓練小朋友開發手指識字功能時，一定要創造一個輕鬆的氣氛，去除他們緊張的心情，才會產生比較好的結果。**

心理安定，才能打開天眼

如八三頁圖2-4的第一列所示，第一次實驗是高橋小妹妹雙手先不罩黑盒，所以一直看不到圖案。到約第七分鐘時，再替她罩上黑盒，在四分三十八秒後她就看到圖案。

第二次實驗時，起先不戴眼罩，也不戴布套，經過五分五十四秒後戴上黑色眼罩，但到了九分鐘還是什麼也看不到，於是在九分二十五秒時，將手蓋上有洞的黑紙罩，接著隨即換成蓋上全黑無洞的黑紙罩，再過一分二十三秒就看到了，結果稍微有些錯誤。

第三次實驗時，在開燈的情況下，一開始不戴黑布套，經過十分鐘後她什麼也看不見，於是我們把燈關掉，再過十分鐘還是什麼都看不見，此時她手上溫度已超過攝氏三十五度。這時我們用冰塊將兩手降溫後，擦乾手上水滴，讓她再繼續搓紙團，結果四分二十五秒後就看到圖案了。

第四次實驗時，在開燈的情況下，手上不戴布套也不罩黑盒，她過了十四分鐘什麼也看不到，但是在她罩上黑盒後的五分八秒時，就能看到圖案，識字結果完全正確。

從這些實驗結果，很明顯地說明戴上布套或罩上黑色盒子可以安定高橋小妹妹的心理，讓手掌微血管收縮、降低溫度，導致一種特殊的生理機制能夠讓她在大腦打開天眼，掃描手上紙團把信息送回大腦。

圖2-4　高橋小妹妹在不同狀況下的識字結果

日期：**1994年8月14日**

正確答案	透視結果	實驗紀錄
		・手不戴布套，一直看不到。 ・約在第7分鐘蓋上黑盒子，罩住雙手。 ・蓋上黑盒子後，手掌降溫達2度以上。 ・識字順序：→。 ・共耗時11分26秒。
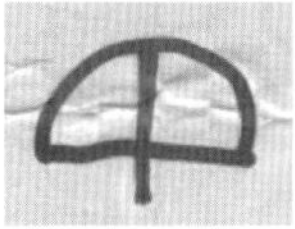		・開始後，在5分54秒暫停，戴上黑眼罩，隔絕視線。 ・在9分25秒蓋上有洞的黑紙罩，又換全黑無洞黑紙罩，1分23秒後就看到了，結果稍有錯誤。 ・識字順序：→→→。
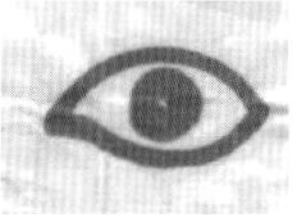	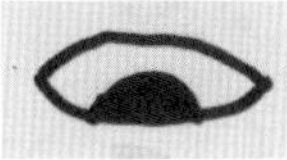	・開燈，不戴黑布套，手捏紙團。 ・10分鐘沒有看到，停止實驗。 ・關燈，再做10分鐘仍沒有看到。 ・用冰塊涼手，將手上水滴擦掉再做。 ・再耗時4分25秒就看到了。
		・亮燈，手不戴黑布套。 ・經過14分鐘看不到後，在雙手上蓋上黑紙盒。 ・再經過5分8秒看到圖案。

在大腦裡「看」電視——了解天眼掃描的順序

手指觸摸紙團所獲得的信號，如何在大腦中呈現呢？

根據大陸北京大學、上海復旦大學的研究以及一些特異功能人士的主述，都是大同小異地先在腦中出現了一個螢幕，圖案、紙的顏色或紙團的形狀會先出現在螢幕上，有時會消失再出現，然後顏色收攏形成圖案，或紙團逐步打開又合攏，最後完整的字形被伸展開來，就像看電視一樣。這種腦中出現螢幕，顯出圖案之現象叫做「屏幕效應」，也有很多學者稱之為「開天眼」。

就以高橋小妹妹來說，字或圖案的出現，是一個部分接著一個部分出現的，而且螢幕第一次出現，一定是顯現文字的色彩。比如一九九三年十月二十七日做實驗的結果（如八六頁圖2-5所示）。首次實驗時，讓她看紅色的「茹」字，第一次開天眼後，腦中螢幕出現一片紅色，然後紅色消失，等了一會兒，第二次螢幕出現時，上面有一個紅色的「口」字，然後螢幕又消失了。第三次螢幕出現的時候，在紅色口字的左方多了一個「女」字，也就是紅色的「如」字出現，瞬間又消失了。第四次螢幕出現時，整個紅色的「茹」字出現，一會兒又消失了。等到第五次螢幕出現時，是紅色的「茹」字，她就知道已經全部看到了，此時拿起紅色的筆寫出答案。

有時，她看到的字或圖案並不完整，連續兩次螢幕出現的圖案都沒有新的變化，她就以為全部看到了，實際上還有些訊息沒有出現。圖2-5的第二列實驗顯示的就是她還沒有看完全的例子。紙條上的字是「WATER」，但是她看到的是「TEP」，只看到最後三個字，將R看成P，R下的一撇還未出現。接下來第三次實驗如第三列的藍色「料理」兩個字所示，識字結果就完全正確了。

圖2-5　高橋舞手指識字實驗

日期：1993年10月27日		
正確答案	透視結果	實驗紀錄
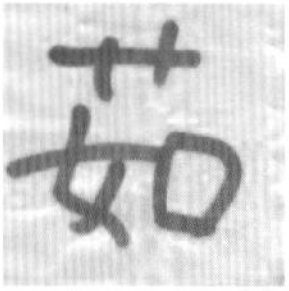		・第1次透視力實況演示。 ・手掐紙團，手用布套套住，隔絕視線。 ・小妹妹因在電視機前，顯得緊張。 ・2分59秒，看見紅色。 ・4分57秒，看見「茄」字，完全正確。 ・識字順序：口→如→茄。
		・第2次透視力實況演示。 ・紙張用兩層包起來。 ・手掐紙團，手用布套套住，隔絕視線。 ・小妹妹心情較穩定多了。 ・5分56秒，看見綠色和3個字，只透視部分，沒有完全正確。
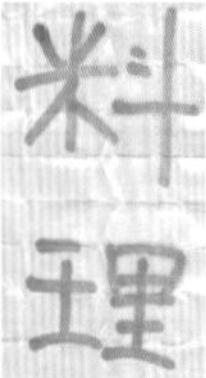		・第3次透視力實況演示。 ・手掐紙團，手用布套套住，隔絕視線。 ・2分12秒，看見藍色，以及「料理」二字，完全正確。 ・識字順序：料→料理。

二〇一六年，我們對高橋小姐手指辨識顏色及字彙的能力又做了一些測試（如下圖2-6所示）。紙上正確答案的「位」字，是由黑、紅、藍三隻色筆寫的，透視結果完全正確。

第一次開天眼時，她看見一片黑色，表示「位」字左方單人部首的黑色信息被掃描進天眼。九點二十六分五十二秒第二次開天眼時，她仍然看見顏色有兩種，上面是紅色，下面是藍色，表示「位」字右半邊的紅藍兩種顏色信息被掃描進天眼；上面為紅色，下面為藍色，表示顏色的排列順序沒有錯誤，也沒有混合。接著，她以紅黑藍的順序把「位」字組織起來，最後透視結果完全正確。從這些程序展示了天眼掃描的機制，對我們之後第四章解釋手指識字的物理過程提供了豐富的細節。

圖2-6　高橋舞手指識字實驗

日期：**2016** 年

正確答案	透視結果	實驗紀錄
		09:23:35　開始。 09:25:38　看見一片黑色。 09:26:52　看見上面紅色，下面藍色。 09:28:05　看見紅色「亠」→黑色「亻」→藍色「丷」。 09:30:01　結束。

光線明暗，會影響顏色辨識功能

高橋小妹妹手指識字是在布套內極微弱的光線環境下做實驗，竟然能產生與視網膜神經在強光下完全一致的色彩反應。那麼她的眼睛到底有沒有看到光？對手指辨識圖案的影響就值得研究。

沒有光，天眼無法辨識顏色

我們用戴眼罩或在暗室做實驗來隔絕眼睛的作用，為了避免在不同的實驗條件下干擾到數據的分析，我們只考慮高橋小妹妹腦中看到字形出現的實驗。

結果發現，在開燈不戴眼罩之情況下，所做的五十三次單一顏色的圖案辨識，顏色完全正確。一戴上眼罩，二十一次實驗中有四次顏色錯誤，錯誤率達到百分之十九。而在暗室中所做的三次實驗，雖然圖形正確，但是顏色全錯。

由此可以了解，若眼睛看到光線，的確對顏色辨識有所幫助，其主要原因是：**因為正常雙眼所看到的亮光送進大腦後是用來照亮屏幕之用，而產生顏色感知**。如果眼睛蓋上眼罩或在暗室沒有送入亮光到大腦，屏幕上一片黑暗，天眼掃入紙上的顏色信息，自然無法產生顏色感受，但是形狀信息不須亮光照射就會呈現。

大腦認知習慣，會影響手指識字結果

在實驗過程中，我們發現了一個有趣的現象，認知心理顯然會影響實驗的結果。比如有一次請高橋小妹妹認綠色的「線」字，原來寫的字形裡左邊「糸」部下面為草寫只有一撇，但是高橋小妹妹先看到熱字下面的四點，然後再看到左邊的絲字偏旁，最後呈現在天眼的是絲字下面加上三點（如左圖2-7第一列所示）。又如她將英文字「HAPPY」看成「Happy」，「SUN」看成「Sun」。原本是全部大寫字母，都被看成第一個字母大寫，其他全是小寫，與她平常寫字習慣相符，**顯然文字信息要先經過大腦記憶部位比對，再根據過去的文化經驗轉換後，才顯示在屏幕中，所以有些變形。**

圖2-7　高橋舞的認知干擾了手指識字結果

日期：**1995年9月11日～9月12日**

正確答案	透視結果	實驗紀錄
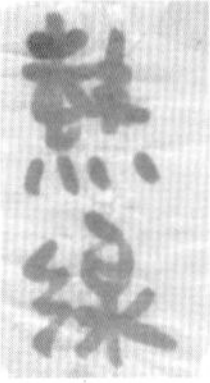		・手套上布套。 ・14：31：00　開始。 ・14：36：57　看到了2個字，只看到下面的「線」字，有點緊張。 ・識字順序：‥→幺→糹→糹白→線。
		・手套上黑套，上面再加上黑紙盒。 ・14：04：00　開始。 ・14：51：29　看到「HAPPY」。 ・識字順序：Ha→Hao→Hap→Happ→Happ→Happy。
		・手套上布套。 ・16:13:24 開始。 ・識字順序：綠色出現，筆劃出現。 ・共耗時4分19秒。

另外一個有趣現象則對日後我們解釋手指識字的物理機制有決定性的影響（如左圖2-8所示）。例如，第一列案例是我們在白紙寫上「王后」兩個字，但是把后字下面的口字挖洞，天眼上對應口字的位置會出現黑色框框，表示紙上本身不會發出光的部分會在屏幕中相對位置出現黑色。

第二列案例中，將「吃討」兩字中「吃」的口字偏旁剪開後反折到紙條後面，從正面看起來變成「乞討」，再將紙張摺疊起來做手指識字，結果天眼上看到的是「吃討」，答案沒有錯誤。

第三列案例中，在紙張裡貼上一小塊不會發光或反光的寬黑膠帶，從天眼看起來就是黑色。

另外我們在透明紙上寫字來做實驗，高橋小妹妹發現屏幕的背景變成一團黑色，不像以往都是明亮的白色背景，但是在透明紙背後墊一張白紙一起折疊後，則背景又恢復明亮。顯示用透明紙與挖洞或黑膠帶一樣，似乎無法提供亮度信號給天眼，表示若無法提供亮度或顏色信號給眼睛的圖案，將來在天眼上也是呈現黑色。

圖2-8　手指識字時，在紙上挖洞或貼上黑膠帶的結果

日期：1996年5月23日

正確答案	透視結果	實驗紀錄
		・將「后」字之「口」剪洞，並折起來。 ・1分40秒，顏色出現。 ・2分10秒，顏色、字繼續出現。 ・3分56秒，全部結果出現。 ・她認為「后」字之「口」看起來是個黑洞。
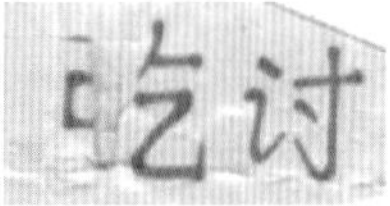	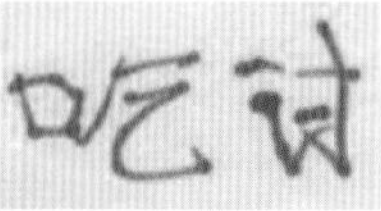	・手握紙團，套上黑布套。 ・將「吃」字之「口」剪洞折到後面。 ・1分36秒，顏色出現。 ・2分31秒，字形出現。 ・6分52秒，字形全部出現。 ・她看到「吃」字，但將「口」看成洞。 ・識字順序：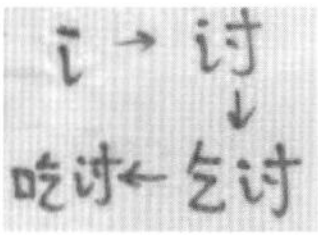
		・貼黑膠帶。 ・1分30秒，顏色出現。 ・1分50秒，字形繼續出現。 ・2分28秒，字形繼續出現。 ・3分30秒，字形繼續出現。 ・3分43秒，字形全部出現。 ・她認為下面一片黑，怎麼也看不出來。

開天眼時，身體的生理變化

當天眼屏幕出現的時候，高功能人的身體是不是會產生生理的變化呢？答案是肯定的。

手中電壓與天眼螢幕開啟，互為因果

在高橋小妹妹一九九五及一九九六年的第三及第四回實驗時，為測量她兩手電壓的變化，我們在小妹妹兩手各貼一電極，直接記錄兩手電壓差隨著時間變化的情形，實驗的情況如九六頁圖2-9上方的兩張照片所示。

實驗時，會讓高橋小妹妹手上握一按鈕，天眼出現時按一次，天眼消失時按兩次，實驗的部分結果如圖2-9下方的橘色曲線所示。

結果我們發現，天眼出現前兩秒鐘左右，雙手開始出現電壓，然後一個尖峰約二十到六十毫伏（mv）的電壓出現，如圖2-9下方圖表中的黑色斜線所示，這一段時間叫做「醞釀時間」。接著，**從天眼打開到消失只有一到兩秒的時間，也就是天眼一閃而逝非常短暫，這段時間內，她腦中會「看到」字形出現。**

直到二〇〇二年，她的功能增強以後，天眼可以開啟到十至二十秒鐘，雙手電壓也可以保持到幾十秒鐘，與天眼開關時間一致。顯然腦中放電會導致手掌產生電壓，這與腦中屏幕出現有一定的因果關係。這些數據讓我們知道天眼出現、消失與雙手電壓差的發生順序。

圖2-9　手指識字時的電壓變化

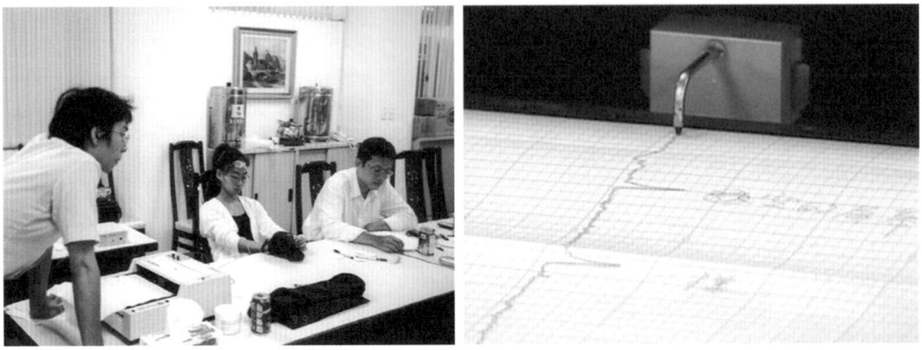

手指識字時，讓高橋舞的雙手貼上電極量電壓，同時描繪在紀錄紙上。

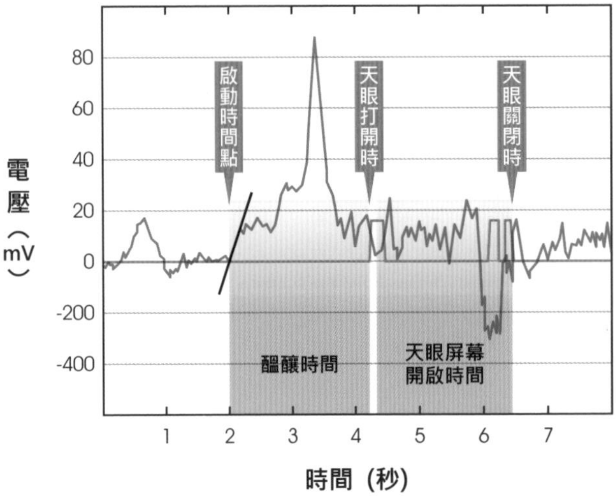

天眼出現前2秒，雙手出現一個尖峰約20～60毫伏的電壓，如黑色斜線所示，這是「醞釀時間」。從天眼打開到消失只有1~2秒，這時，她腦中會看到字形。

主觀認知下的客觀實驗

在一九九七年第五回合的實驗中，我們去榮民總醫院神經血管內科去做腦血流流量的測試，用都卜勒超音波探頭貼在頭部的左右太陽穴（如下圖2-10所示）。

結果發現高橋小妹妹用右手識字，在看到屏幕之前，右邊中大腦動脈血流速度大幅降低百分之二十（如下頁圖2-11所示）。左半球腦血流速度在實驗開始二十秒後從每秒八十公分（80cm/sec）的速度衝上每秒一百公分（100cm/sec），接著掉回每秒八十公分（80cm/sec）。

這表示大腦活動量由高降低，保持約十五秒鐘後開始反彈，在血流量降至最低

圖2-10　高橋舞在榮民總醫院測量大腦動脈的血流速度

用都卜勒超音波探頭，貼在高橋舞頭部的左右太陽穴。

圖2-11　用右手手指識字時，左右大腦動脈血流速度之變化

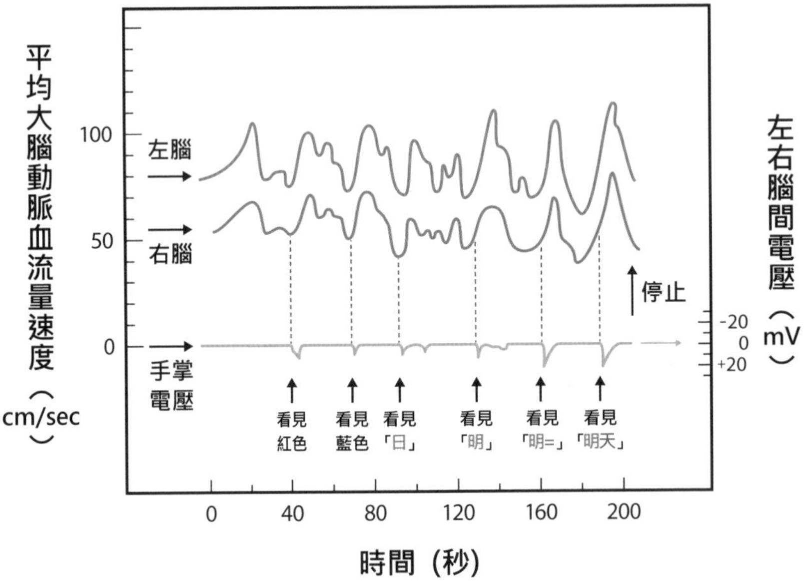

識字時，第一個出現在屏幕上的是紅色。第二次打開螢幕時，她看到藍色。接著看到藍色的「日」字；藍色的「明」字；紅色的「二」出現在藍色的「明」右邊；最後出現「明天」後結束，透視結果完全正確。

點開始反彈之際，雙手掌出現了電壓脈衝約十毫伏（mV）左右，右手為正電壓。接著屏幕出現，第一個出現在屏幕上的是紅色，接著血流速度反彈到高點，並開始重複下降到反彈的過程。每當血流速度降到最低點，手上就會出現電壓，接著屏幕打開，她能看到一部分圖案。第二次打開屏幕時，她看到藍色，表示這張紙上有紅色及藍色兩種顏色的圖案；接著看到藍色的「日」字、藍色的「明」字、紅色的「二」出現在藍色的「明」右邊，接著出現「明天」後結束，透視結果完全正確。

當高橋小妹妹改用左手識字時，左中大腦血流量則大幅上升約百分之二十，在上升過程中雙手會出現電壓脈衝，左手電壓為正。因此雖然屏幕效應是一個主觀的認知過程，但是伴隨的生理變化是可以用儀器來測量的。

後來，我們也去新光醫院測量手指識字時腦波的變化（如下頁圖2-12所示），量出的結果如一〇一頁圖2-13所示，第一列及第二列為不同實驗狀況下腦波在全大腦的分布圖。

第三列是大腦枕部（視覺處理部位）的腦波經傅立葉轉換後的頻譜圖。橫軸是頻率，縱軸是強度。一般人的頻率在十四到三十赫茲的是β波，八到十三赫茲是α波，四到七赫茲是θ波，四赫茲以下是δ波。

圖2-12　高橋舞在新光醫院手指識字時測量腦波

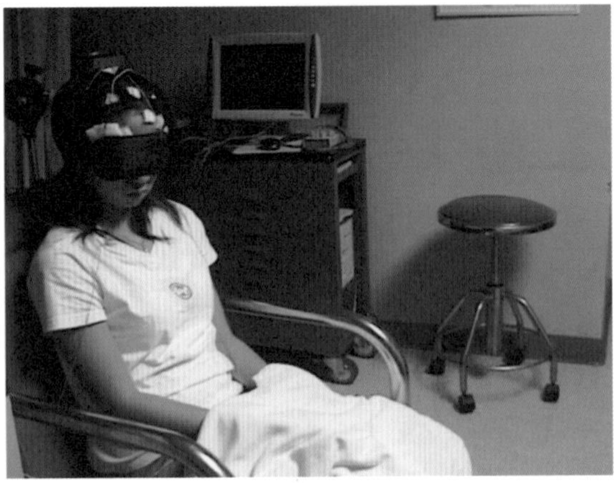

從第三列最左邊第一張圖來看，是眼睛閉上（EC，eye closed）的狀況，其中紅色的 α 波非常強，與一般人相同。第二張圖是眼睛閉上在算數（EC，cal），例如計算二十七乘以三十五時，α 波受到打擾稍微下降一些。第三張圖是眼睛閉上在想風景（EC，image），例如想日月潭風景，紅色 α 波受到打擾再稍微下降一些。

第四及第五張圖是眼睛打開注意看外面景象（EO，focus）或隨意看看（EO，nofocus），紅色 α 波振幅受到嚴重干擾幾乎消失。第六張圖是眼睛打開一點點勉強看到外面的字或景象（EO, smalleyes），α 波也受到嚴重干擾消失。第七及第八張圖，只要戴上眼罩，則不管是閉眼或張眼

圖2-13　手指識字時，在不同狀況下的腦波分布和頻譜圖

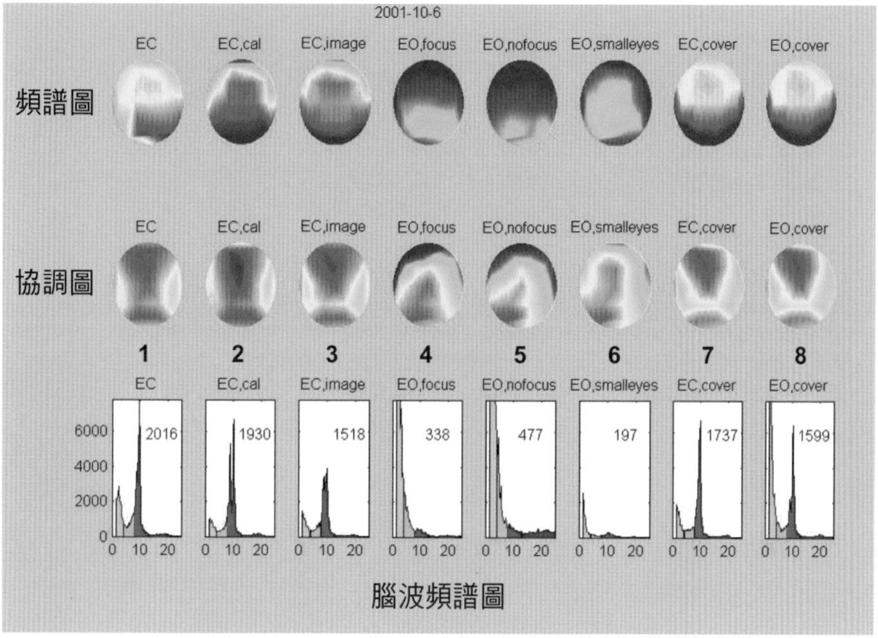

從最下列第7、第8張圖中可看出，當高橋用手指識字看到紙上的文字或圖案時，眼睛並沒有打開，看不到外面景象，因此α波會變得很強。

都看不見外面景象，α波變得很強。

這些現象告訴我們，α波是一個嚴格的生理指標，可以讓我們辨認受試者有沒有看到外面的景象。我們想證明的是當高橋用手指識字看到紙上的文字或圖案時，眼睛並沒有打開，因此α波會變得很強。

左圖2-14就是實驗的結果，為手指識字時大腦枕部O1、O2及頂部T5、T6腦波頻譜圖，每一條線為十秒鐘的數據，紅色尖鋒為α波振幅，黃色區間為醞釀期，雙手有電壓出現，紫色為開天眼區間。很明顯的是，開天眼時，她腦中的α波振幅仍然很大沒有變小，表示眼睛是閉著沒有看到外界的文字或圖案，但是天眼卻能看到正確的圖案。

測量高功能人的大腦各部位活動

一九九八年，我們也用功能性磁造影（functional magnetic imaging，簡稱fMRI）技術測量了高橋小姐手指識字時大腦各部位的活動情形（如一〇四頁圖2-15所示），並將大腦切割成十二條細長紫色線分隔的區間，包括視丘、松果體、胼胝體等部位。

圖2-14　手指識字時的腦波頻譜圖

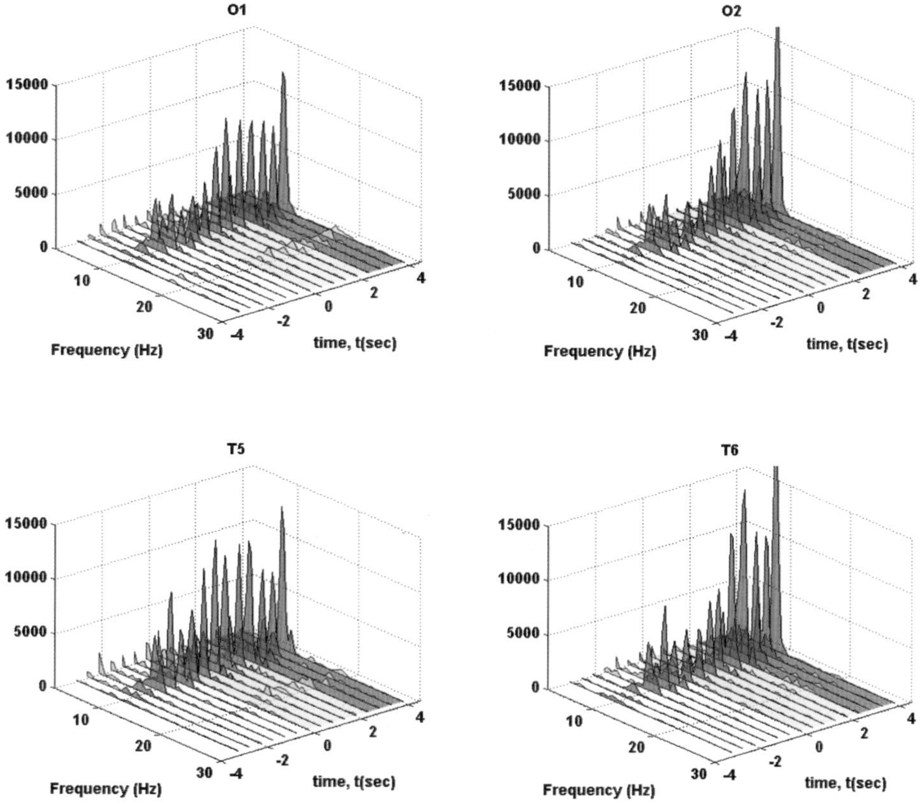

紅色尖鋒為α波振幅，黃色為醞釀期，紫色為開天眼期。從圖中可看到，開天眼時，高橋的大腦α波振幅仍然很大，表示眼睛閉著，但天眼卻能看到正確圖案。

圖2-15　手指識字時，用fMRI測量大腦各部位活動情形

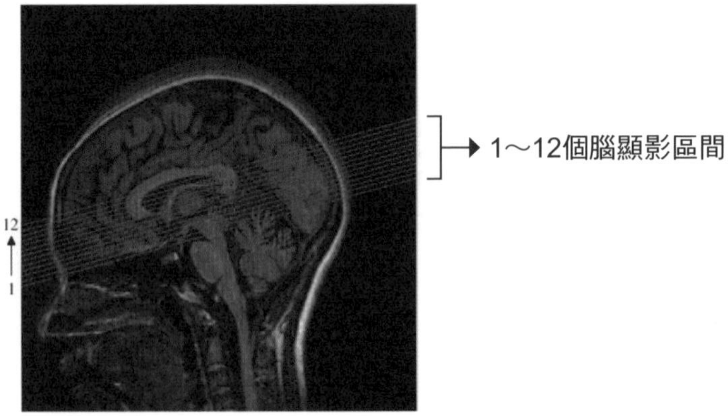

上面4張為第5、6、7、8區間的腦顯影片，下面4張為第9、10、11、12區間的腦顯影片

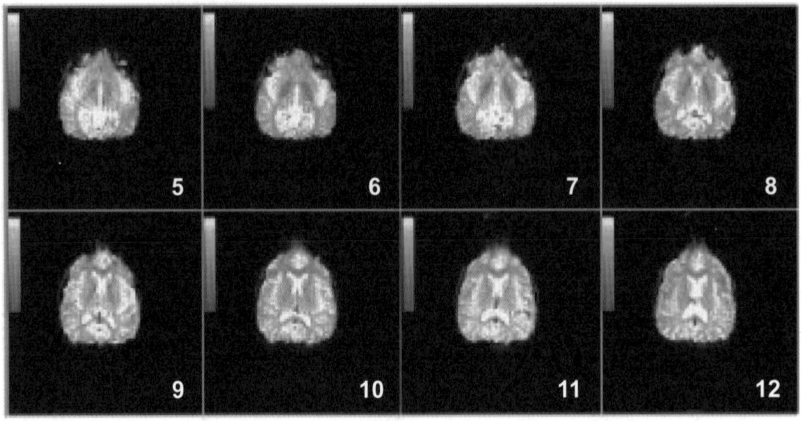

紅色部位是開天眼前後信號變化較大的部位。從第7張腦顯影片可看到，左腦聽覺部位有變化，第8張起，腦中央部位一些區域有很大的變化。

高橋一手操控按鈕，開天眼時按一下作為信號，幫助分析數據。

如右圖2-15下方顯影圖所示，上排是第五、六、七、八的四片區域；下排是第九、十、十一、十二的四片區域，以及開天眼前後信號變化圖，紅色部位是較大的變化。很明顯的是，從第七張左腦聽覺部位有變化，第八張起中央部位一些區域有很大的變化。

下圖2-16中，大腦藍色區塊內顯示的是第八片紅色區域實際信號的變化圖，右圖中的橘色是高橋舞小姐開天眼時按下的信號，總共開了兩次天眼，縱軸是fMRI信號在天眼打開時變化的百分比。

第二次開天眼時，她信號變化竟

圖2-16　大腦藍色區塊內，開天眼前後的FMRI信號變化百分比

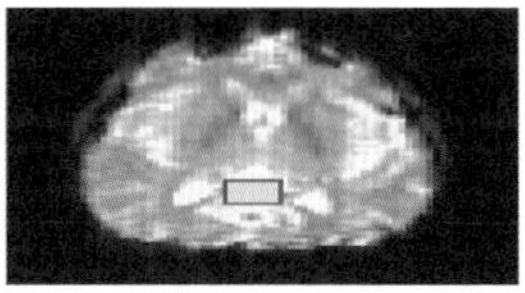

圖表中藍色區間為頭部稍微移動的區間，但與第一次開天眼時間無關。第二次開天眼時信號變化達到140%。

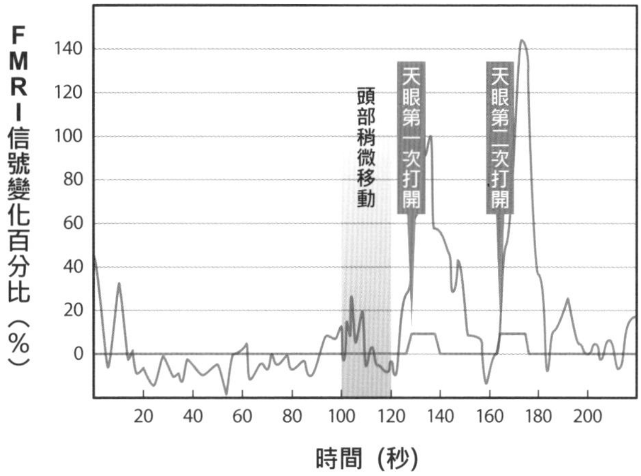

然達到百分之一百四十，遠高於一般正常信號變化百分之一到三的五十倍。第一次測量時，所有專家沒有人相信這個數據，都認為頭有動。但是經進一步分析發現她頭稍微移動的時間並非第二次開天眼的時間，如藍色區間顯示。後來第二次作實驗時，信號反應還是一樣巨大，才說服大家這是真的信號。一〇四頁圖2-15第九、十片腦區雖然信號變化較小，但是還是比一般信號要大得多，所以我們初步判定天眼開的部位是在下圖2-17紅圈的位置，很接近大腦中後扣帶皮層（posterior cingulate cortex，簡稱PCC）部位。

圖2-17　開天眼時，fMRI信號反應最強區域

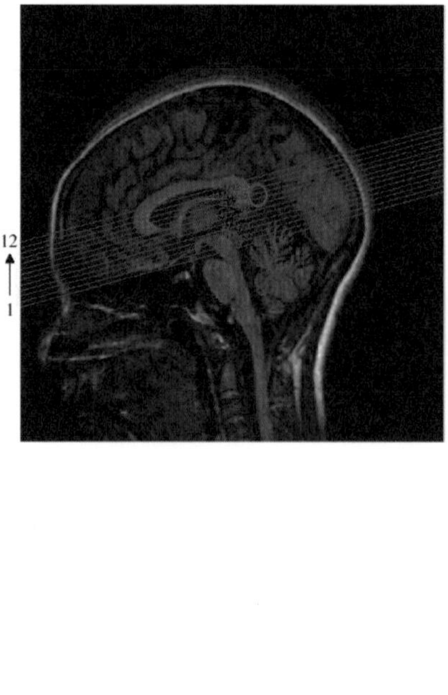

紅圈位置，為開天眼時的反應部位，似乎很接近大腦中的後扣帶皮層。

手指識字能力，可經訓練開發

我自己在一九九六年七月第一次開了一個兒童潛能訓練班，想要驗證大陸研究單位所聲稱的兒童可以訓練出手指識字功能，有七到十三歲間的十五位小朋友報名參加。經過四天，每天兩小時的訓練，結果真的有三位小朋友出現了手指識字的功能，占全部兒童的兩成，包括同時有識字和念力功能的王小妹妹。

隨後我每年暑假開訓練班，以四天每天兩小時的時間訓練小朋友。一直開到二〇〇四年總共開班九次，二〇〇五年六月我因接任臺大校長，為避免爭議就從此不再開班，由我指導過的碩士學生擔任宜蘭松山國小的邱老師繼續下去，直到去年仍然每年暑假開班。

我從一九九六年到二〇〇四年九次開班中，總共有一百七十六位小朋友完成四天的訓練，其中有四十一位出現顯著的手指識字能力（統計出錯機率P＜0.05），大約有百分之二十三的兒童出現功能較高的表現。其中三十三位兒童，約百分之十九的兒童出現了高功能能力（統計出錯機率P＜0.001）。其年齡分布如左圖2-18所示，八到十一歲的孩子出現高功能的比例都很高，十二歲以後就不行了，人數較少。

這些事實顯示，經過短時間訓練，有相當比例的一些小孩能把識字時的手指觸覺的信號送回大腦視覺區，重組成有意義的影像。這些現象對現代腦功能的認知提出了嚴峻的挑戰。

圖2-18　9次訓練班中，出現手指識字功能的41位小朋友的年齡分布

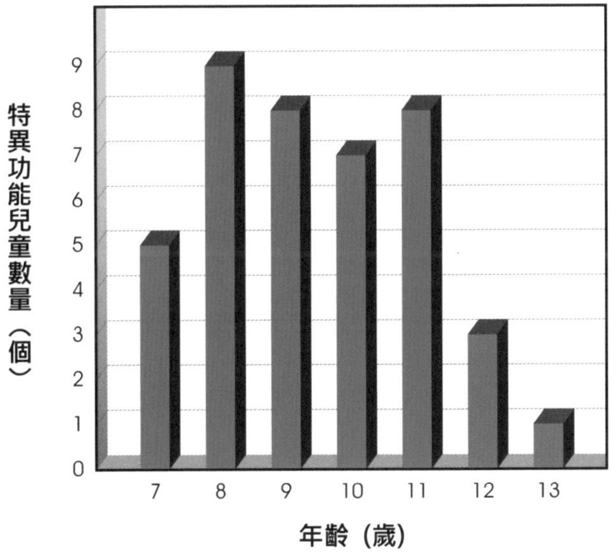

8～11歲的孩子出現高功能的比例很高，12歲以後就不行了，人數較少。

獲得手指識字實驗成果的回應

我在一九九三年發現高橋小妹妹具有手指識字功能以後，華視的電視節目「早安今天」曾到我的實驗室來拍實驗過程，在電視上播了兩集；我常想是否有哪個國小老師看了影集後會受到啟發在自己班上試了試小朋友的能力，然後把結果告訴我。直到二〇〇二年十二月，那時我正在美國史丹福大學休假進修，有一天打開電子郵件看到下面這封來信：

李教授您好：

我是一位小學老師。八年前，偶然機會得知教授從事人體潛能的研究。於是，我大膽地請班上的學生（五年級生）一同實驗以「耳朵聽字」。果然，有令我訝異的情形出現。有一些同學，真的能做到以耳朵聽字。

八年之後，我又進行同樣的實驗（大約十五分鐘）。這次，我帶的班級是六年級生。同樣的，有些許的同學（六到七人）可以猜出塞在耳朵中的紙條的文字。可是這些孩子都未曾接受過任何人體潛能訓練，卻也能有同樣的能力，個人感覺相當的有趣。心血來潮之餘，特別寫封信與您分享。耽誤您寶貴時間閱覽這封信，實屬不該，懇請海涵。

敬祝　平安

一個小小的小學老師　敬上

我當場熱淚滿面，真的有一位「大大」的小學老師在一九九四年看了電視節目後，做了這個實驗，獲得了正面的結果，八年後重複實驗仍然獲得正面的結果。大自然展現了祂的真面目給認真求道的信仰者。

從美國回來以後，我找到了這位老師，是臺北市百齡國小的賴俊賢老師，我把他班上出現功能的四位小朋友帶到我的實驗室測試，果然都有不同程度的識字功能，這些小朋友都是天生的，沒有經過任何的訓練。

超過十五歲，仍能開發潛能

手指或耳朵識字能力主要集中在十三到十五歲以下的兒童，一般認為這是因為大腦松果體在十三到十五歲開始鈣化的緣故。**問題是天眼似乎並不是在松果體，而是在松果體後方的五到十公分處，這似乎暗示年輕人仍有機會開發出手指或耳朵識字功能**。我在二〇一六到二〇一七年也在臺灣大學電機系嘗試開發約一百位二十多歲的臺大大學生及研究生，只用了兩次每次半小時的訓練，加上課餘的影像視覺自我訓練，也有百分之三的同學出現了耳朵識字的功能，令人興奮。原來年紀超過十五歲還是有機會開發出耳朵識字功能。

手指識字及耳朵聽字在人體科學上是很大的突破，例如：一個盲人如果能教會他用手指或耳朵來「看」，用觸覺來取代眼睛，則人類社會中將不再有「盲」這種殘疾。如果我們能找出觸覺信號傳遞及重新組織機制而改以機器來做，則這部機器將是新一代最具威力的醫學檢驗儀器，可以輕而易舉地看到身體內部器官表面的影像。

發現念力的存在

王小妹妹是我親自訓練出來，具有手指識字功能的小朋友之一，也是唯一一位訓練出念力的小朋友。

一九九六年七月，她報名參加兒童手指識字訓練班，結果在第一天歷經一個小時、三次實驗後就出現了功能反應；在接下來三天的實驗中，識字正確率高達百分之七十以上。

為了找出練習的頻率對識字功能的影響，我安排了每個月訓練一個半天約三小時的計畫，請王小妹妹的母親帶她來訓練，結果發現在訓練完的第一個月，正值八月時，她興致很高又逢暑假，所以常常練習功能，識字正確率可以維持在五成以上。但是九月開學以後，她上了國小五年級，除了念書以外，又參加了許多活動，沒有時間練習手指識字，功能大幅衰退，到了十月時識字功能完全消失。

為了恢復她的功能，我利用一九九七年二月寒假期間，又集訓四天，結果王小妹妹的功能在第一天就恢復了，識字正確率高達七成以上。這樣的狀態保持了兩個月，到四月中，又由於疏於練習而衰退到一成的正確率，我只好在暑假七月底，再度以集中訓練讓她恢復，並跟她父母商量，讓她每天練習半小時，當作是練習彈鋼琴或繪畫一樣，作為一種技藝來培養她；並要求她改正姿勢，以往是趴著頭閉眼來識字，要矯正成抬頭睜眼，結果經過一段時間的練習，她不但矯正了姿勢，識字功能也越來越強。**這裡闡明了，一般小朋友「不練習會退化」的現象。但是對天生有功能的小朋友如高橋小妹妹則不適用。**

第三眼，是超出五感之外的感知能力

這種手指識字的生理過程，到底是不是經由觸覺傳遞到大腦，再經過邊緣系統滲入視覺中樞轉換為視覺的呢？我們把折疊的紙條封入一個完全不透光的底片盒，讓王小妹妹摸著盒子練習，一開始她「看」不到，但是經過四、五次的訓練，她可以逐漸看到模糊的影像，但是好像有一層霧擋在前面。隨著訓練次數的增加，霧也逐漸消散，看得越來越清楚了。接著我把紙條折疊後，外面再包一層鋁箔並放入底片盒，王小妹妹也是一開始看不見，經過幾天的訓練後就逐漸看到了。

經過底片盒、鋁箔層層的阻擋，觸覺早已與紙張失去直接的聯繫，但是大腦感知的透視力仍然能穿透重重障礙，在沒有光線的環境下把紙上訊息擷取出來，**它必然是超出五種正常感覺能力（視覺、聽覺、嗅覺、味覺、觸覺）之外的另一種感知能力。由於識字時腦內會出現屏幕，打開天眼，表示這是雙眼之外第三隻眼睛的功能，可以稱之為「第三眼」**。

念力，心想事成的驚人力量

根據大陸各研究單位訓練兒童手指識字的經驗，當兒童訓練到天眼可以穿越重重障礙，甚至離體不碰紙條都可以建立聯繫管道把紙上信息調入天眼，就可以開始訓練把信息管道反向，用意念操控信息產生變化，再送回物體產生念力。

一九九八年一月，王小妹妹的天眼已經可以穿透底片盒、鋁箔紙、把包在鋁箔裡紙條上的文字信息擷取出來。因此我就開始訓練她的念力，把一段鐵絲放入底片盒，她用手握住盒子，把鐵絲調入天眼中，用意念把鐵絲折彎，不會彎的話就在天眼上想像用手、剪刀或鉗子等工具來折彎。

一九九八年五月十七日，在嚴格的實驗條件下——包括把已放入鐵絲的底片盒貼上封條、還讓實驗者簽上名字。結果，王小妹妹在十九分鐘內嘗試把一小段鐵絲折成一個三角形，最後打開底片盒一看，如左圖2-19箭頭處所示，鐵絲的確折了兩個彎；但因念力控制還不夠好，兩個彎不在同一平面上，有一些離開平面。這個力量顯然不是牛頓力學的力量，而是意念的力量，大自然再一度地顯示祂的神祕力量。

中國大陸雲南大學物理系的朱念麟教授與羅新教授自一九七九年就開始訓練兒童手指識字的能力，待手指識字能力純熟以後，就開始訓練他們念力，是特異功能研究的先驅者。一九九九年法輪功事件以後，停止訓練超過十年；二〇一〇年後，朱教授逐漸恢復訓練工作。

記得在二〇一三年六月，我從臺大校長卸任後，十月去雲南大學參加「人天觀研討會」，聽到朱教授發表論文，報告兒童念力訓練的成果，令人嘆為觀止。如左圖2-20所示，朱教授所訓練的一位兒童，把放在不透明塑膠盒內的火柴，以意念想像用剪刀剪成五到六節，全程錄影監控；做完後，打開一看果然被剪成一節節小火柴棒，斷面有剪刀剪過的痕跡。所謂心想事成，念力驚人的力量由此可見。

圖2-19　王小妹妹使用念力

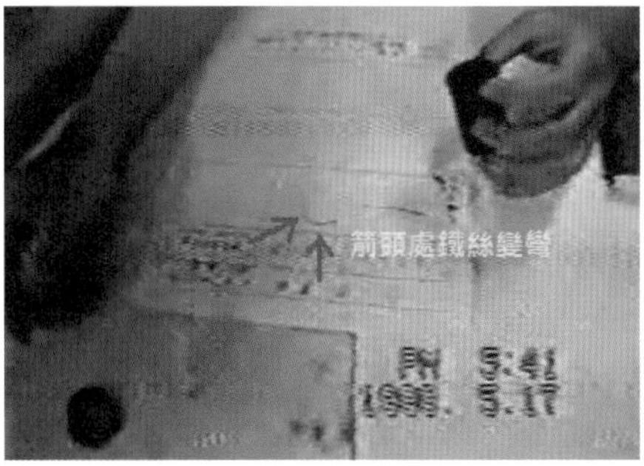

如箭頭處所示，王小妹妹用念力將一小段封在底片盒內的鐵絲折彎。

圖2-20　雲南大學朱念麟教授的念力實驗

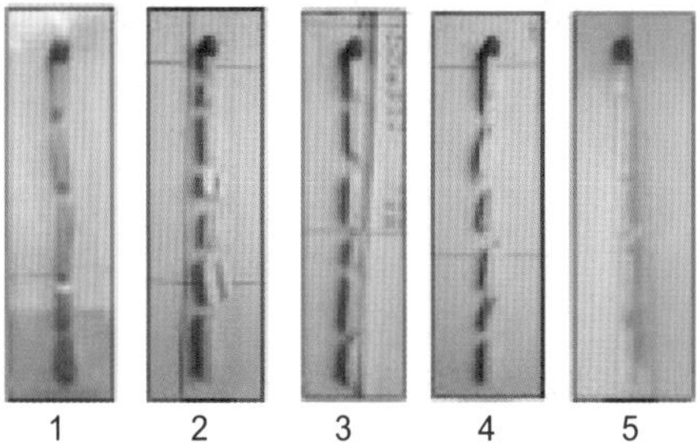

高功能兒童將放入不透明塑膠盒的火柴用意念剪斷成5～6節。

美國的絕地武士營——六成兒童潛能被開發

二〇〇二年九月，我利用半年休假的時間到美國史丹福大學電機系進修半年，當了半年客座教授，不但享受了加州溫暖的陽光、和煦的氣候，還看到了好些二十多年沒有見過面的朋友及學生。想當年大學畢業以後，大部分的同學都出國深造，各奔東西散居在美國各地，見面並不容易，不像現在的學生剛好顛倒，大部分留在臺灣。此一時也彼一時也，也見證了臺灣這二十年來的經濟成長與進步，大幅縮短了與美國的差距。

我一九八二年學成歸國，回到母系臺大電機系任教，當時出國風氣仍盛。剛開始幾年所教導的學生，也大部分出國了，有很多在美國已有很好的事業與成就。就在我客座的史丹福大學電機系裡，就有一位我過去教過的女學生在當教授，這位孟教授的研究室和我在同一棟大樓，每個星期都碰得到面。

這些朋友、學生知道我在做一些「特異功能」的研究，願聞其詳，因此在灣區安排了兩場公開的演講，談談氣功、手指識字、念力、信息場與神靈。每場都是在中國餐館舉行，先吃飯再演講，每次席開十多桌，有上百人參加，許多多年未曾謀面的朋友、學生就在這些場合碰面，事後的反應大致良好。

孟教授和她同班同學KC顯然被「手指識字」現象迷住，一直要我在灣區也辦一場手指識字訓練營。她們同學的小孩年齡差不多就在六到十三歲之間，正是最容易練出功能的年齡。老實說我的興趣不大，因為這些小孩的家庭背景太一致了，不像在臺灣受訓練的小朋友來源廣泛，我認為這些孩子開發出功能的比例恐怕不高。KC鍥而不舍，不斷以電子郵件打動我，並準備好大部分的後勤工作，終於在預定開始的前一個星期，我正回臺主持一個國際會議時，才敲定了之後訓練營的地點——在史丹福大學電機系的會議室。

KC的同學中和負責找小朋友報名，結果他動員了同學的小孩、他夫人音樂班的學生，加起來共二十一名來參加訓練營，這些小朋友全部在美國出生，大部分學過中文，不過所學有限。有些小朋友像凱文一樣，一聽內容覺得無聊不願意來參加，他媽媽好說歹說均不為所動，結果媽媽心生一計，告訴凱文這是「絕地武士營」（Jedi

Camp），凱文是電影《星際大戰》（Star War）迷，一聽是訓練絕地武士，馬上欣然同意，高高興興、滿懷希望地來到訓練營。

我的訓練有一套標準程序，先花半小時向家長及小朋友介紹「手指識字」的現象，加強他們的信心，接著打坐十分鐘讓小朋友心靜下來，嘗試腦中成像以確定他們的幻想能力，然後就開始了訓練。

出乎我的意料之外，包括凱文在內，第一天就有五位小朋友開發出了功能。灣區消息傳播得很快，接下來幾天，有的家長聞風而至帶小朋友加入，有的有事退出，四天下來只有十五位小朋友從頭到尾全勤。其中有九位小朋友顯現出了手指識字的能力，比例高達六成，遠高於我在臺灣訓練最高三成五的紀錄，令我難以置信。家長們更是議論紛紛，驚嘆不已，原來手指識字是真的。我也突然了解到，原來我就像是星際大戰爭中絕地武士的師父尤達（Yoda）。

磁場，對手指識字的影響

二〇〇三年二月，我結束史丹福大學的客座回國以後，KC繼續利用週末訓練功能最強的小朋友凱文（Kevin），三月中KC寄了一封電郵給我，告訴我他發現了一個奇特的現象，**當凱文手指識字時，如果手中握了一塊磁鐵，腦中看到的圖像會被放大**。我看了以後覺得很驚奇也很興奮，我從事手指識字研究近十年，完全沒有想到特異現象會和物理性的磁場產生交互作用。

為了證實這項觀察，我於二〇〇三年四月二十日及二十三日分別請了T小姐及徐小妹妹來重覆這項實驗。T小姐的實驗結果如下頁圖2-21所示，果然沒有磁場時，天眼所看到的字與正常的字大小感覺差不多，但是當把樣本壓在S極上，天眼所看到的字會被放大，壓在N極的樣本的字會稍微縮小；當磁場達到4KG（四千高斯），透視的數字會脹大到超出天眼的屏幕範圍。如一二三頁圖2-22顯示的是徐小妹妹的實驗結果。果然不錯，

圖2-21　T小姐將樣本壓在磁鐵S極、N極的手指識字實驗

日期：2003年4月23日

正確答案	透視結果	
26		→ 無磁鐵
13		→ 
71		→ 

當把樣本壓在S極上，天眼所看到的字會被放大，壓在N極上，天眼看到的字會稍微縮小。

正確答案	透視結果	
85		→ 
56		→ 

當把樣本壓在S極上，磁場達到4KG時，數字會脹大到超出天眼的螢幕範圍。

在沒有磁場時，天眼所看到的字與正常的字大小差不多，但把樣本壓在S極上，天眼所看到的字會被放大，壓在N極字會稍微縮小。這項實驗證實南極S極會把天眼的字放大，這個現象的原理是什麼呢？

第四章中我會提出證據，證明天眼會鑽入虛空掃描物體的虛像，因此磁場的S極磁場顯然會鑽入虛空，與在虛空的天眼產生交互作用。磁鐵的磁場是磁性原子自旋所產生的，自旋角動量會在實數時空打洞，而基於「角動量守恆定律」，磁矩與自旋角動量方向相反，因此S極會面向孔洞而導致一部分磁場穿入虛空，N極背對孔洞因此磁場大部分侷限在實數時空，以致與天眼的作用較小。

圖2-22　徐小妹妹手指識字時的磁鐵效應

日期：2003年4月20日

正確答案	透視結果	
50		→ 無磁鐵
47	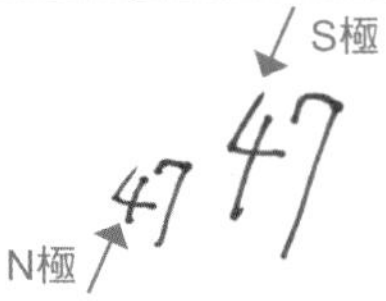	→ 

無磁場時，天眼所看到的字與正常的字大小感覺差不多，當把樣本壓在Ｓ極上，天眼所看到的字會被放大，壓在Ｎ極上，字會稍微縮小。

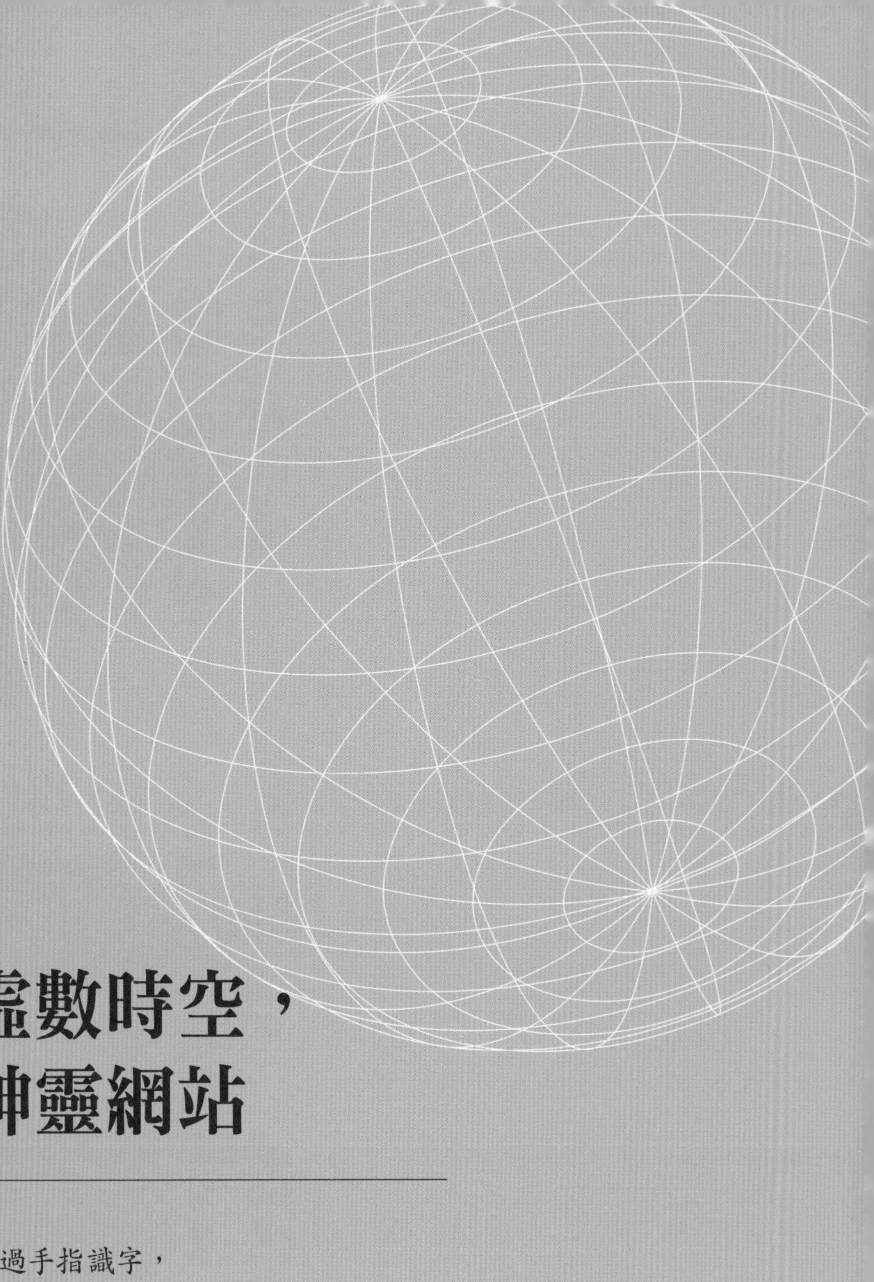

第三章

發現虛數時空，探訪神靈網站

三位小朋友透過手指識字，
在辨認佛字時都產生了異象，
在眾多物理學者的見證下，
靈界的神秘面紗突然被打開了，
多麼撼人心弦的戲劇效果。

面對物理學會的挑戰

一九九七年，我的手指識字實驗已經做了四年，也開班訓練兒童手指識字成功，有幾位兒童出現了手指識字功能，顯示這個現象是一個普遍存在的人體潛在能力。

那時中國時報邀請我寫一個專欄叫做「人身極機密」，每週一篇，於是我從西方的超心理學及東方的氣功開始，寫到現代所發現的耳朵聽字、手指識字及特異功能，總共四十多篇。沒想到觸犯了一些物理界的學者，認為我公開散布怪力亂神現象，混淆社會視聽，造成不良影響，導致後來很多年都會藉各種機會找我麻煩。

到了一九九九年，物理學會終於忍無可忍決定到我實驗室親自做手指識字實驗。並且開出兩項條件：第一，實驗樣本要他們準備，我說沒有問題，只是樣本要遵守一些規範；第二，要準備一間大教室，因為物理學會要在網站上公告周知，會有很多人來，這也沒有問題，因為我通常使用的臺大電機二館的一四二會議室本來就很大，容納三、四十個人本來就沒有問題。

實驗準備進行三天，從八月二十六日到二十八日。面對物理學會的踢館行為，為避免實驗當天小朋友臨時生病或心情不佳、有狀況而做不出來，我特別安排了三位小朋友應戰，包含T小姐、王小妹妹及陳小弟弟，他們手指識字程度不一，有強有弱，只是沒有想到第一天實驗就出現了不可思議的現象，前所未見。

發現佛字的殊勝

八月二十六日下午兩點半鐘左右，物理學會會長帶著十多位物理教授及兩位心理學教授，抱著一大箱約一百個樣本，來到臺大電機二館的一四二會議室，根據定好的規則開始做實驗。一開始T小姐實驗進行得很順利，大部分樣本都看得見，就或然率來看，用猜的根本不可能，何況她根本沒有看過任何樣本，無從猜起，但是一些經過特殊處理的樣本，像被包了鉛盒的紙團，她就看不見了；其他兩位小朋友有些字條也看對了，顯示出手指識字功能有些普遍性，大家都被實驗說服了，手指識字現象是真實存在的並沒有騙人，大家都沉浸在一片歡樂的氣氛中。

下午四點鐘左右，在場的物理系陳教授突然給了T小姐他新寫的一個樣本，如左圖3-1第一列所示。

結果T小姐看到藍色的「光」字，打開一看，正確答案是「佛光」兩個字，她漏看了一個佛字。

陳教授指著佛字說：「這個字很殊勝，她大概看不見。」我馬上回答，她看字有時候會漏字，沒有什麼了不起，再試試看就好了。

過了一陣子，陳教授又給了她一個紙團，從下午四點二十九分開始做實驗，如圖3-1第二列所示。每一次她手掌出現電壓，表示天眼打開一次，我們就記錄時間及她看到的景象。

她先看到有一個東西閃過去，在四點三十四分時，看到一個人在屏幕上閃閃發光；四點三十七分時，看到「發光的人好像在對我笑」，接著所有螢幕都消失了。

我在旁邊大惑不解，怎麼會出現前所未見的景象，什麼字都看不見，只看到亮光、亮人，趕緊把樣本打開一看，原來是個「佛」字。一時全場觀眾為之沸騰，交頭接耳，不知發生了什麼事，我只感覺到震驚，極度的震驚，似乎一個神祕的世界在我們面前打開了。

圖3-1　T小姐第一次看見異象前後的紀錄

日期：1999年8月26日

正確答案	透視結果	實驗紀錄
佛光	光	・隨意試試，沒紀錄時間。
佛		・16：29　開始。 ・16：32　看見一個東西閃過去。 ・16：33　看見亮光一閃。 ・16：34　看見有一個人在螢幕上閃閃發光。 ・16：37　她說：「發光人像在對我笑。」 ・16：38　看見發光的人不見了。

後來我常常在想，到一九九九年八月，我已經和T小姐做了六年、超過六百次的實驗，竟然從來沒有想到要試試宗教的字彙，當然也還好沒有試過，才會造成物理學會來踢館時，竟然幫我們證實靈界的存在，產生這麼大的戲劇效果。

實驗第二天從八月二十七日起，我決定把所有樣本換成與宗教有關的字彙，看看還能找出什麼有趣的結果。

上午的實驗結果如左圖3-2所示，做了三次實驗，下午的實驗如一三四頁圖3-3所示，也做了三次實驗。上午第一個實驗從十點半開始，如圖3-2第一列所示。T小姐在七分鐘內畫出了一排奇怪的符號；打開樣本一對，除了前面三個符號外，其他完全正確，原來是藏文，只是反了過來。十點四十分開始，第二次實驗如圖3-2第二列所示。很快地，她腦中出現了很亮的螢幕，然後開天眼時除了亮螢幕外還聽到聲音，有宏亮的笑聲，聽起來非常開心的樣子，最後剩下亮螢幕而結束。打開樣本一看是個「佛」字，我感覺到非常高興，因為實驗可以重複，遇到佛字就會看見一片明亮而且出現異象，表示不是大腦天眼一時的失誤，而是真的有奇妙的變化發生。十點四十九分開始了第三次實驗，如第三列所示。她五分鐘就寫出了$E=mc^2$，完全正確沒有出現任何異象，表示這個公式不是神聖字彙。

圖3-2　8/27上午的神聖字彙實驗結果

日期：1999年8月27日

正確答案	透視結果	實驗紀錄
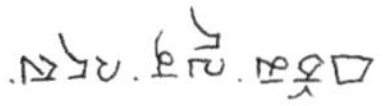	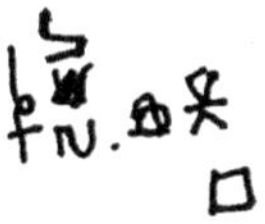	・10：30：30　開始。 ・識字順序：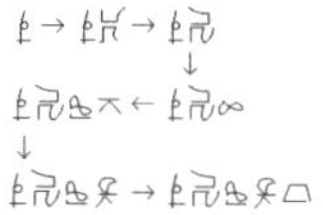 ・10：37：41　結束。
		・10：40：16　開始。 ・10：42：28　看見很亮的螢幕。 ・10：43：58　看見很亮。 ・10：44：41　看見很亮，聽見有聲音。 ・10：45：50　看見很亮，聽見有聲音。 ・10：46：44　聽見宏亮的笑聲，非常・開心的樣子。 ・10：47：18　看見螢幕亮著，沒有聲音。 ・10：48：00　看見螢幕亮著。
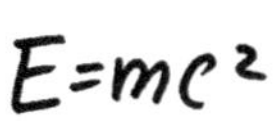	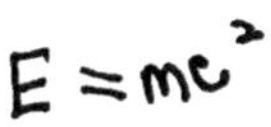	・10：49：47　開始。 ・10：53：45　看見黑色的＝² ・10：54：12　看見 E ＝mc^2 ・10：54：47　結束。

下午四點四十三分，我們開始了第一次實驗，如一三四頁圖3-3第一列所示。她四分鐘就畫出了一條魚，基本上正確，只是樣本中魚的嘴巴原來是尖的，她畫成了圓弧狀。四點四十八分開始了第二次實驗，如第二列所示。很快地，三分鐘後就出現亮的螢幕，我想大概又是神聖字彙。**接著出現了驚人的一幕，T小姐抬頭看了看前方三公尺外清大物理系的曾教授說，有一個亮人站在你身旁，手攀在你的肩膀上。**接著她又看看站在信號紀錄器旁邊的我說，那個亮人跑到我和陳教授中間，低頭在看紀錄器，在笑。我心裡一驚，趕快看看旁邊的紀錄器，卻什麼也看不到。然後實驗結束，我打開樣本一看，又是「佛」字，我心裡變得很篤定，神聖字彙必引發出異象。

第三次實驗時，樣本是由一位在場的物理學家給的，他聞風而來，看了一陣子覺得實驗有些不嚴密，我們隨機抽取的紙團放到T小姐手上，再到套上黑布套綁好帶子約要二十秒的時間，他懷疑這時T小姐可以從折疊紙團的背面隱約看到文字，是偷看到的，不是真的有手指識字現象。當然我們通常都是用兩張紙緊緊包紮，背面是看不見的，不過這是合理的懷疑，必須用嚴格的實驗排除。過去我們用紅外線攝影機觀察過T小姐在暗袋中的手指識字過程，證明她只是撫摸摺疊字條邊緣，沒有打開字條就可以看到裡面的內容。

這一次物理學家用費曼圖[1]來驗證，他畫了很多圈，讓摺疊過後的字條即使從背面看二十秒鐘，絕對數不出來到底有幾個圈，這是非常精彩的設計。T小姐只花了五分鐘就畫了出來，物理學家一數說有九個圈，打開樣本一看，說他自己畫的只有八個圈，T小姐多畫了一個。旁邊的陳教授仔細一看說不對，你也是畫了九個圈，只是第一個紅墨水太多變成了實心，空心八個加上實心一個也是九個圈，與T小姐畫出的一樣。兩個人辯論了一陣子後獲得共識，九個圈是對的。我驚出了一身冷汗，我知道T小姐那時天眼只能開兩秒鐘一閃而逝，怎麼來得及數清楚到底有幾個圈，我問她說，你真的有數嗎？她回答說，我沒有數，有個聲音告訴我是九個。這個聲音就是在靈界照顧她多年的師父，看到人間有人要欺負她，暗中幫了她一下忙。

編註1　費曼圖（Feynman diagram）美國物理學家理察・費曼創立的一種形象化方式，方便將量子場中各種粒子相互作用的過程呈現出來。

圖3-3　8/27下午的神聖字彙實驗結果

日期：1999年8月27日

正確答案	透視結果	實驗紀錄
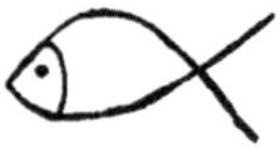	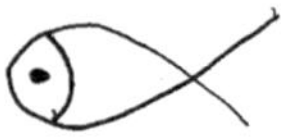	・16：43：32　開始。 ・16：46：08　畫出黑色的魚。 ・16：47：09　結束。
佛		・將紙條裝在底片盒內。 ・16：48：33　開始。 ・16：51：28　看見很亮的螢幕。 ・16：53：13　看見有一個很亮的人出現，手攀在曾教授肩上。 ・16：54：03　看見很亮的螢幕。 ・16：54：55　看見很亮的人出現在陳建德與李嗣涔中間低頭看紀錄器，在笑。 ・16：55：21　看見很亮的螢幕，人消失。
		・16：58：30　開始。 ・17：02：26　看見一片紅色。 ・17：02：45　看見  ・17：03：26　看見  ・17：03：43　結束。

實驗第三天，八月二十八日又有新的異象出現，一三六頁圖3-4展示的是上午所做的實驗。第一次實驗從十點二十六分開始，結果顯示在第一列。起初，大腦天眼螢幕中出現一朵粉紅色的花亮亮的，好像浮著像蓮花比較大，有人站在蓮花上，看起來很亮，像女生穿白衣，彷佛是觀音菩薩。我打開紙條一看，是「菩薩」兩個字，所以菩薩也是神聖字彙。

接下來，第二次實驗從十點三十八分開始，結果顯示在一三六頁圖3-4第二列。三分鐘後，天眼螢幕就出現白白亮亮的背景，接著佛教「卍」字符號出現，背景一片光亮，顯示這是屬於神聖字彙的樣本。

我統整這三天有關字彙含佛字的結果，如一三七頁圖3-5所示。

用「佛光」實驗，只看到光字；用「佛山」實驗，只看到「山」字，都看不到「佛」字；我用「比佛利山莊」實驗，只看到「比利山莊」，也看不到「佛」字；用「佛米級」實驗，看到黑色的米字左邊出現亮亮的；用「埃佛勒斯峰」實驗，看到黑色的「勒」字及「斯」字，然後一片亮亮的。在天眼螢幕中，**其他字都看得見，但碰到「佛」字就一片亮光，顯示「佛」字的殊勝性。**

圖3-4　8/28上午神聖字彙實驗結果

日期：**1999年8月28日**

正確答案	透視結果	實驗紀錄
菩薩		‧10：26：33　開始。 ‧10：30：04　看見粉紅色、亮亮的。 ‧10：31：51　看見粉紅色的花。 ‧10：32：36　花好像浮著。 ‧10：33：42　像蓮花般比較大的花。 ‧10：34：32　有人站在蓮花上，很亮。 ‧10：35：33　有點像女生，穿白衣，像觀音菩薩。 ‧10：36：45　人消失了，只有亮光。 ‧10：37：25　只有亮光。
卍		‧10：38：27　開始。 ‧10：41：16　看見白白亮亮的。 ‧10：41：52　看到黑色。 ‧10：42：37　看見一樣的圖形，背景很亮。 ‧10：43：11　圖形消失，背景很亮。 ‧10：43：36　全都消失了。

圖3-5　統整與佛字相關實驗

日期：1999年8月26日～8月28日

正確答案	透視結果	實驗紀錄
佛光		
佛山		・識字順序：山→山 ・共耗時4分23秒。
比佛利山莊		・識字順序：莊→莊 利→山 利 莊 ・共耗時3分49秒。
佛米級		・出現黑色「米」，「米」的左邊亮亮的。 ・共耗時9分。
埃佛勒斯峯	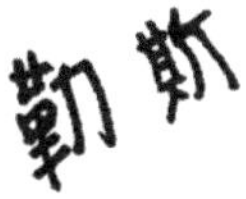	・5：22：50　開始。 ・5：25：33　看到黑色。 ・5：26：30　看到「勒」字。 ・5：27：21　看到「斯」字。 ・5：28：15　看見亮光。 ・5：29：06　全消失了。 ・5：30：15　結束。 ・共耗時7分25秒。

每個人潛在的「功能版本」都不同

在實驗的八月二十六日到二十七日之間，除了T小姐外，其他兩位小朋友——王小妹妹與陳小弟弟用手指識字看佛字的結果又是如何呢？

左圖3-6顯示的是王小妹妹的實驗結果，她的手指識字能力已經純熟到可出現念力了。在八月二十六日第一次測試佛字結果時，也出現了異象，如圖3-6第一列所示。她看到了一間寺廟的大門口站了一個人。

第二天再試佛字，結果她看到一個模模糊糊的人操著臺語口音，要她加油，她覺得好像看過他的樣子，我們後來判斷可能是她已經過世的外公。

一四〇頁圖3-7顯示的是陳小弟弟測試的結果。實驗時，一開始用普通字測試，結果答案有對有錯。除了藍色「步」字錯了，其他字都對了。陳小弟弟看佛字時，看到一位和尚穿著黑夾克走出來，內裡的白衣上寫了一個佛字。他看到了佛字時，感覺也看了一

圖3-6　用「佛」字實驗時，王小妹妹看見的異象

日期：**1999年8月26日**

正確答案	透視結果	實驗紀錄
佛		・17：03：25　開始。 ・17：19：59　遠遠的有一間寺廟，大門口站著一個人，光閃了一下，又閃了一下，出現一間寺廟。 ・17：21：50　沒看到字，結束。

日期：**1999年8月27日**

正確答案	透視結果	實驗紀錄
佛		・16：49：04　開始。 ・17：16：50　她說：「有一個人在叫我要加油，但是看不清楚，操著臺語口音，影像模糊，但覺得好像看過他。」 ・17：20：10　人不見了，沒看到字，結束 。

圖3-7　用「佛」字實驗時，陳小弟弟看見的異象

日期：1999年8月26日

正確答案	透視結果	實驗紀錄
東	東	・15：01　開始。 ・15：08　看到「東」。
步	分	・15：09：15　開始。 ・15：20：34　看到「分」。
助	助	・15：23：53　開始。 ・15：26：12　看到「助」。
U	U	・16：29　開始。 ・16：49：42　看到「U」
佛	佛	・17：01：55　開始。 ・17：02：51　看見黑色。 ・17：03：42　聽到有個聲音說7畫。 ・17：04：46　有個光頭的人手上拿著一串珠子。 ・17：05：54　看到「亻」。 ・將紙條放入底片盒。 ・17：05：54　看到，有個人部。 ・17：15：38　看到一個光頭的人穿著一件黑夾克，內穿白色衣服，上面寫著黑色佛字。

場電影。所以佛字會造成異象，對有手指識字功能的人來說是一個普遍的現象。

二〇一三年十月，我去昆明參加第二屆「人天觀學術會議」報告這些奇特的結果時，大陸的同行還不太相信，他們早我們十多年開始研究手指識字，怎麼都沒發現信息場或靈界，卻讓我們這些後進者給發現了？

不過，自二〇一四年起，大陸昆明的雲南大學及江蘇的揚州大學訓練孩童手指識字時，均看到了類似的現象。他們看佛字時，就出現了亮光菩薩；看「太上老君」時，出現一朵雲上面站了一個仙人。這證實了我們的發現，也花了近十五年的時間。

為什麼同樣的佛字，不同的人卻看到不同的異象？後來大陸高功能人士孫儲琳女士用佛字做實驗時，我領悟到，這就好像網路的瀏覽器一樣，與功能人的高低有關。

功能高的人瀏覽器版本很新，可以看到比較新、比較深入的內容，比如孫女士有六十種以上不可思議的念力功能。她看佛字時會看到萬道金光，像渦漩一樣愈轉愈亮；她看「佛山」時，會看到一座晶瑩剔透的琉璃山，非常的漂亮。而T小姐看佛山兩字只能看見山字，看不到佛及亮光，表示瀏覽器版本較舊。因此剛練出功能的小朋友看佛字是看不到異象的，必須等到功能較精進，達到某一程度之上，才能看到亮光、亮人等異象。

發現神靈的信息網站與網址

為了繼續找出哪些字彙是神聖字彙，我們試了佛教的各種神祇，結果如左圖3-8所示。第一列是試「阿彌陀佛」的字樣時，看到亮亮的螢幕，有聽見聲音但聽不清楚；第二列是試「藥師佛」的字樣時，不但看到亮亮的螢幕，還聞到中藥的味道；第三列是把「佛」字刪除變成「藥師」，則異象消失，可以看到「藥師」兩個字；第四列是試「彌勒佛」的字樣時，看到很亮的螢幕。

很顯然的是，諸佛都是神聖字彙。因此高功能人可以看見很亮的螢幕、聽到聲音、聞到味道。

為了了解扭曲佛字的識字後果，我們把佛字破壞，如一四四頁圖3-9所示，從刪除一筆或一畫，到換部首，將字與偏旁分開，或加一撇改成「佛」字，結果所有的異象都消失了，高功能人只能看到被破壞後的字。

圖3-8　用「諸佛」做手指識字時，感受到的意象

正確答案	透視結果	實驗紀錄
阿彌陀佛		・看見亮亮的螢幕。 ・有聲音但聽不清楚。 ・共耗時8分15秒。
藥師佛		・看見亮亮的螢幕。 ・聞到中藥的味道，共耗時5分30秒。
藥師		・識字順序：師→藥→藥師。 ・共耗時7分22秒。
彌勒佛		・看見很亮的螢幕。 ・共耗時5分25秒。

圖3-9　佛字被破壞後的實驗結果

正確答案	透視結果	實驗紀錄
佛	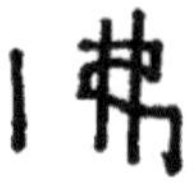	‧識字順序：ǀǀǀ → ǀ弗。 ‧共耗時6分14秒。
弗		‧識字順序：弓 → 弗。 ‧共耗時5分。
拂		‧識字順序：扌→扝→拂。 ‧共耗時7分。
佛		‧識字順序：弗 → ノ弗。 ‧共耗時6分50秒。
佛		‧識字順序：亻→弗→空白。 ‧共耗時6分18秒。
彿		‧識字順序：彳 → 彿。 ‧共耗時3分20秒。

這個現象強烈暗示：「佛」字是一個網址，天眼可以掃描這個網址而連上佛的網站看到異象；一旦破壞網址就變成普通字，天眼就連不上網站，只能看到破壞的字。**好像這個物質世界之外還有一個信息場存在，或者說是靈界存在，裡面充滿了神靈及神靈的網站。利用手指識字辨識網址，我們就有機會連上網站參觀其網頁。二〇一四年後，我把這個信息場或靈界稱作虛數時空。**原來虛數時空如同一個網路的世界，其中充滿了意識、神靈及祂們所創建的網站，而連結網站的網址就是神祇的聖名。

是大腦的幻覺，還是外界的信息場？

當然有人會質疑小朋友用天眼所看到的異象會不會只是大腦的幻覺？出於他們對神聖人物的崇敬，用天眼掃描這些字彙的時候，就像做夢一樣產生各種幻覺以迎合崇敬之心。這種可能性必須用實驗來排除，因此最簡單的方法就是用小朋友不認識的文字來做實驗。

想連上外國神祉網站，須用原文

我們在做密宗神聖人物的實驗時，就注意到一個現象，如左圖3-10所示。不論是龍樹菩薩或是蓮花生大士這些創建密宗的聖者，以及二臂黑袍金剛等密宗的守護神，在手指識字實驗時都會出現文字而不會出現異象。

圖3-10　用密宗中文神聖字彙的實驗結果

正確答案	透視結果	實驗紀錄
蓮花生	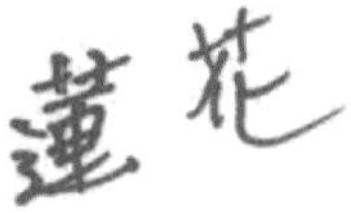	・識字順序：蓮→蓮花。 ・共耗時4分10秒。
瑪哈嘎拉	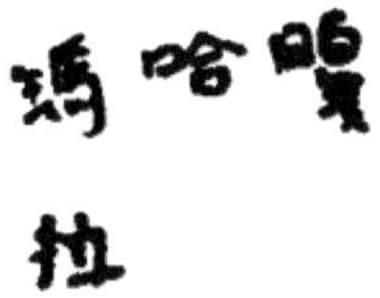	・識字順序：瑪→哈→嘎→拉。 ・共耗時9分。
蓮華生大士		・識字順序：蓮→蓮華生→蓮華生大士。 ・共耗時4分33秒。
龍樹	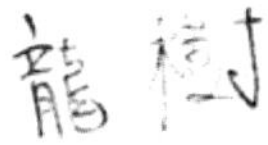	
龍樹菩薩	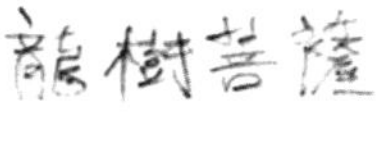	

這讓我們困擾了相當久，不知道密宗的神靈為什麼不讓T小姐連上網站。

直到有一天，我忽然覺悟到密宗都是西藏人，他們不懂漢文，因此它們的網址必定是用藏文而不是漢文。於是我去請問藏文專家，取得藏文的寫法，當然T小姐是不懂藏文的。左圖3-11及一五〇頁圖3-12就是實驗的結果，圖3-11的第一列是藏文的瑪哈嘎啦，二臂黑袍金剛是密宗的守護神，結果T小姐沒有看到字，而是腦中出現異象、看到發亮的螢幕。為了確定起見，我把最後三個字剪掉，如圖3-11第二列所示，這不是對瑪哈嘎啦不敬，而是做科學研究。結果T小姐沒有看到異象，而是一筆一畫地把藏文描出來了。**顯然原來的藏文是網址，你認不認得並不重要，而是能讓天眼直接連上瑪哈嘎啦的網站；而破壞的藏文已經不再是網址，因此可以全部認出來。**一五〇頁圖3-12三列都是藏文的蓮花生大士，能讓天眼連上了有亮光的網站。

圖3-11　用藏文瑪哈嘎拉的實驗結果

日期：2000年8月5日

正確答案	透視結果	實驗紀錄
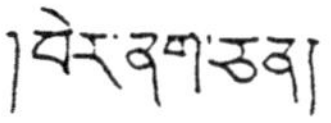 藏文：瑪哈嘎拉， 為二臂黑金剛		・16：34：20　開始。 ・16：36：33　看見亮的螢幕，光亮的色度與平常不一樣。 ・16：38：22　看見空白的螢幕。 ・16：39：13　看見空白的螢幕。

日期：2000年8月6日

正確答案	透視結果	實驗紀錄
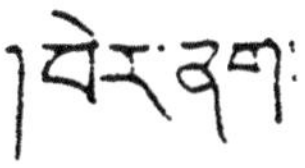	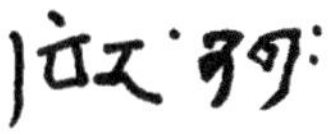	・11：12：10　開始。 ・11：14：01　看見一小塊黑色一小塊。 ・11：14：18　看見「」。 ・11：14：40　看見「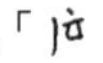」，背景正常。 ・11：15：14　看見「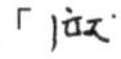」。 ・11：15：44　看見「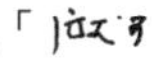」。 ・11：16：07　看見「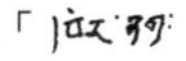」。 ・11：16：32　看見空白螢幕。 ・11：16：48　看見空白螢幕。

圖3-12　用藏文蓮花生大士的實驗結果

日期：2000年8月5日

正確答案	透視結果	實驗紀錄
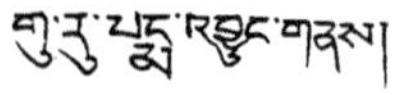 藏文：蓮花生大士		‧16：41：50　開始。 ‧16：47：24　看見光閃一下。 ‧16：48：10　看見空白螢幕。 ‧16：48：45　看見空白螢幕。 ‧16：49：28　看見空白螢幕。
 藏文：蓮花生大士 （手寫）		‧17：46：05　開始。 ‧17：49：59　看見黑色。 ‧17：50：28　看見一串長長的黑色字，看不清楚。 ‧17：52：32　看見一串長長的黑色字，遠遠的看不清楚。 ‧17：53：00　看見平常空白的螢幕。 ‧17：53：36　看見平常空白的螢幕。

日期：2000年8月6日

正確答案	透視結果	實驗紀錄
 藏文：蓮花生大士		‧11：18：50　開始。 ‧11：20：38　看見亮了一小塊，消失。 ‧11：21：07　看見亮了一小塊，消失。 ‧11：21：45　看見空白螢幕。 ‧11：22：04　看見空白螢幕。

用上帝之名，出現點點光亮

一五二頁圖3-13是T小姐用希伯來文神聖字彙的測試，當然T小姐不認識希伯來文。這是摩西當年在山上遇到上帝，要他帶希伯來人出埃及時，他問上帝是誰？上帝用希伯來文的回答：「我是上帝。」

如圖3-13所示，二〇〇〇年十二月二十九日的實驗結果中，T小姐看見螢幕的亮度非常強，接上了希伯來人的上帝網站。二〇〇二年重做一次實驗，結果出現一點一點、小小的一排光亮。

由這些實驗很明確的證明，功能人認不認得神聖字彙並不重要，重要的是只要用神聖字彙就可以讓天眼連上神聖的網站。這表示異象並不是大腦的幻覺，而是有另外一個網路的世界存在，一個充滿了信息的網站，這就是靈界，就是虛數時空。

圖3-13　用希伯來文的實驗結果

日期：2000年12月29日

正確答案	透視結果	實驗紀錄
אהיה אשר אהיה		‧16：39：00　開始。 ‧16：43：00　看見亮了一下。 （亮度：20800Lux） ‧16：45：55　看見空白螢幕 。 ‧16：46：41　看見空白螢幕。

日期：2002年5月11日

正確答案	透視結果	實驗紀錄
אהיה אשר אהיה		‧16：34：11　開始。 ‧16：35：33　看見一點一點、一排小小的亮光。 ‧16：36：42　一樣，看見一排小小的亮光，跟看見「觀音」的亮度差不多。

參觀天堂與藥師佛的網站

既然神靈在靈界都有網站，見諸一般人間的網站內容都很豐富，那麼靈界的網站一切由心造，可能有更豐富的內容可供意識去參觀，因此我們就想去神靈的網站遊覽一下。問題是所有神聖字彙都能接上神祕網站的首頁，每次看到首頁的亮光、亮人，看多了也沒有意思，該如何進入其他網頁呢？我認為可比照人間早有的寫法，用首頁的網址後面加一斜線，再寫上次頁的網址。

看見光亮的十字架

二〇〇二年一月十三日，我們請T小姐用手指識字辨識「耶穌／SAM」，如一五五頁圖3-14第一列所示。

耶穌是天堂首頁的網址，SAM是Samuel的簡寫，根據韋伯氏（Websters）大字典解釋，Samuel在希伯來文的意思是「上帝的名字」。因此我們去天堂的目的是希望看到上帝。結果，她先看到一個綠色的十字架，十字架是空空的、後面很亮，看起來像個大門，應該是天堂的首頁。

我請她嘗試走進十字架大門，她走向十字架，十字架很大，但是她走不進去。我突然想到「阿里巴巴四十大盜」的故事，要說出密語如「芝麻、芝麻、開門！」才走得進去，我又不是基督徒，不知道什麼是密語，但是基督徒禱告完畢後要說「阿門」，像是密語，於是我請T小姐說「阿門」，結果她一說「阿門」，所有亮光、十字架都消失了。原來「阿門」是結束語，與上帝溝通完畢，要結束的時候就說「阿門」。於是我去請教基督徒，我該說什麼?他建議說「哈里路亞」，讚美主!

於是二月二十八日做實驗時，我把「耶穌／SAM」後面再加一個「哈里路亞」。結果T小姐來到十字架大門前還是進不去，我請她唸「哈里路亞」，結果十字架繞過去穿過身體，全身浸在光芒中，她又從後門出來了。我就懷疑是不是要信了基督教，天堂才讓T小姐進去?

五月十一日，我們再度用「耶穌」做識字實驗，又連上亮亮的十字架大門，如

圖3-14　T小姐嘗試連上天堂網站

日期：2002年1月13日

正確答案	透視結果	實驗紀錄
耶穌/SAM		・17：33：35　開始。 ・17：34：40　看見螢幕閃過去。 ・17：35：35　看見「十」字旁綠綠的，透著光（十字空空的，後有亮光，亮度：32300 Lux）。 ・17：37：50　走向十字，十字後一片亮光。 ・17：39：23　十字很大，走不進去。 ・17：41：10　講完「阿門」，結束。

日期：2002年2月28日

正確答案	透視結果	實驗紀錄
耶穌/SAM/哈里路亞		・17：55：40　開始。 ・18：02：20　看見很厚又亮的東西朝我過來。 ・18：05：00　看見很厚又亮的東西在我面前。 ・18：07：00　一樣。 ・18：07：35　一樣。 ・18：08：20　心裡唸哈里路亞，十字飛過去，穿過身體，全身浸在光芒中（大小比例大致如下圖）。 

日期：2002年5月11日

正確答案	透視結果	實驗紀錄
耶穌		・16：27：51　開始。 ・16：29：48　遠方一個小的、中空的、亮亮的十字架。 ・16：30：43　一樣。 ・16：31：26　結束（大小比例大致如下圖）。 

上頁圖3-14第三列所示，但還是進不去。這問題要到兩年後的二〇〇四年八月七日才獲得解答，**別人的家園原來就不能隨便去參觀的，神靈的網站與人間一樣，要先預約、掛號或請問，等到對方同意了才能進入參觀。**

如下圖3-15所示，我們在紙條寫上「耶穌」，加上斜線，問了一句話「可以進入天堂？」，結果看門的亮人就讓T小姐從天眼進入天堂，她看見一條發光的道路，後面有一群發光的人，看起來非常寂靜安詳，可能都是天使。

由此我們知道了參觀神靈網站的規矩，從此就可以遨遊諸神的網站。

圖3-15　T小姐第一次參觀天堂網站的內容

日期：2004年8月7日

正確答案	透視結果	實驗紀錄
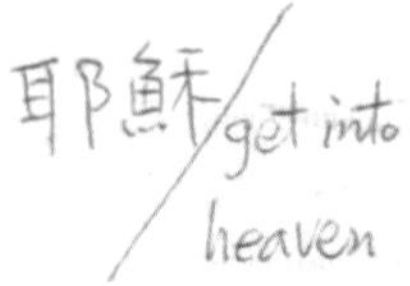		‧將紙張放在底片盒。 ‧15：13：42　開始。 ‧15：18：14　看見閃一下。 ‧15：19：58　看見亮了一下。 ‧15：21：54　看見亮亮的，像人。 ‧15：23：46　一樣。 ‧15：24：56　一樣。 ‧15：28：21　看見道路，後面一群人全部是亮的，非常寂靜安詳。 ‧15：30：32　人越來越遠。 ‧15：31：40　結束。

參觀藥師佛的藥園

二〇〇二年九月二十九日，我們就嘗試去參觀藥師佛的網站。

T小姐的天眼一下就連上了藥師佛的首頁，如下頁圖3-16上方的圖1所示：有五個一排的亮圈，一排一排地往下方延伸，中間的圓圈亮度較弱，可能是從中間的光亮照亮外面。於是她心中默想：「我可以進去看嗎？」此時一位高大的亮人出現（約比常人五到六倍大），祂問：「你要看哪一個？」我猜這位高大的亮人就是藥師佛。T小姐答：「第八個。」經由藥師佛一指，T小姐就看到一片植物園，金光閃閃，由圖3-16中間的圖2的植物組成。接下來，T小姐再問：「可否再看一個（藥園）？第六個。」藥師佛說：「最後一個，不能再看了」，一指就看到另一片植物園，如圖3-16下方圖3所示。蔓藤般的植物由上垂下，軟軟的、半透明、飄來飄去，尖端發光，看了感覺非常美好。T小姐又問：「可否不摸字條，就進去看那些美好的景象？」藥師佛回答：「可以，但我不一定在」，祂太客氣了，客人來祂要親自接待，其實我們希望祂不需親自接待，有徒弟帶我們就可以了。T小姐又請教藥師佛：「可否告訴我第六及第八個藥園的名稱？」藥師佛答：「說了，你們也不知道，不說」，大概覺得我們層次太低，對靈界事務不熟，不想告訴我們。

圖3-16　第一次參觀藥師佛的藥園

日期：2002年9月29日

正確答案	透視結果	實驗紀錄	
觀音／藥師佛	圖1 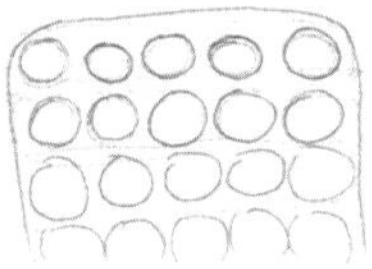	・11：11：50	開始。
		・11：14：20	看見一片亮光。（亮度：30200 lux）
		・11：16：10	看見圖1的亮圈（亮度：30200 lux），一排一排地往下方延伸，中間亮度較弱，可能是中間的亮光照亮外面。
	圖2 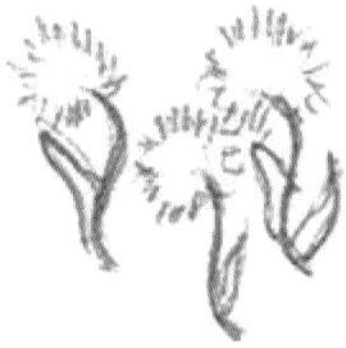	・11：22：10	Ｔ小姐心中默想：「我可以進去看嗎？」一位高大的亮人（約5～6倍大）出現問：「你要看哪一個？」Ｔ小姐回答：「第8個。」藥師佛一指，就看到一片植物園，金光閃閃，由圖2的植物組成。結束。
	圖3 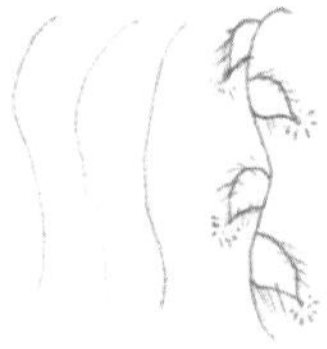	・11：27：40	Ｔ小姐問：「可否再看一個？第6個。」藥師佛說：「最後一個，不能再看了」，一指就看到另一片植物園，蔓藤由上垂下，軟軟的、半透明、飄來飄去、尖端發光，看了感覺非常舒服，如圖3所示。
		・11：36：13	Ｔ小姐問：「可否不摸字條，就進去看那些美好的景象？」藥師佛回答：「可以，但我不一定在。」
		・11：38：15	Ｔ小姐問：「可否告訴我第6及第8個藥園的名稱？」藥師佛答：「說了，你們也不知道，不說。」

二〇〇三年三月三十日，我們又去參觀了藥師佛的第一個藥園，實驗結果如下頁圖3-17所示。

從大腦天眼螢幕中，只見一團光向著T小姐衝過來，一個一個的亮光排成五個各一排。

T小姐要求看第一個和第三個藥園，結果只有亮一下，什麼也沒看到。

T小姐要求再看一次，結果從第一個亮光中出現一片都是綠的植物，如圖3-17下方圖2所畫，生長著一大片很綠的植物，是有左右兩個圈的蕨類植物，圓圈的形狀右大左小，一排一排的整齊排列。

二〇〇三年十月二十八日，我們又去參觀了藥師佛的一個藥園，如圖3-17第二列所示。T小姐先看到一片亮光，進去藥園後，看到一點一點、一排一排的亮點，像蕨類植物，但是只有一個圈，圈下面有一個亮點，然後又見一片亮光。

圖3-17 參觀藥師佛不同的藥園

日期：2003年3月30日

正確答案	透視結果	實驗紀錄
藥師佛	圖1 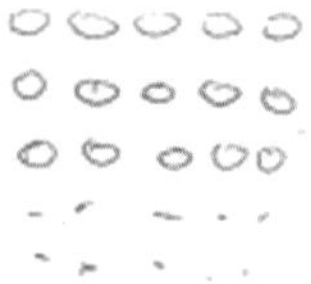	．14：48：30 開始。
		．14：52：00 看見亮了一下。
		．14：55：20 看見一團光衝過來。
		．14：57：30 看見一個一個的亮光，排成圖1（T小姐要求看第1、第3藥園）。
		．15：01：10 只有亮一下，沒看到。（T小姐要求再看一次）。
	圖2 	．15：03：50 從第一個亮光中，看見生長著一大片很綠的植物，左右有2個圈，一排排整齊排列。
		．15：05：40 看見空白螢幕。
		．15：06：00 看見空白螢幕。

日期：2003年10月28日

正確答案	透視結果	實驗紀錄
彌勒佛/藥師佛		．10：12：17 開始。
		．10：16：27 看見閃一下。
		．10：17：55 看見亮光。（時間：2分54秒，亮度：37800lux）
		．10：19：59 看見亮光，進去後，看到一點一點、一排一排的亮點。（時間：6分62秒）
		．10：22：55 看見一排一排的植物。
		．10：25：28 看見一片亮光。
		．10：26：19 結束。

二〇〇三年三月二十八日，T小姐又去了藥師佛網站，這次去參訪了藥店，如下頁圖3-18所示。

T小姐先看到亮光才進入網站，於是請問藥師佛：「可否看第六排或第七排之藥園？」，藥師佛回答：「好啊！」

T小姐再問：「可否採藥？」，藥師佛回答：「還不行。」

T小姐再問：「可以看藥店嗎？」，藥師佛回答：「可以啊！」

只見藥師佛帶著徒弟及T小姐走進藥店，裡面金光閃閃的，都是藥櫃及藥瓶，放滿了信息藥。

T小姐問：「可否拿藥？」，藥師佛回答：「你們現在不需要。」

T小姐說：「陳教授生病需要藥。」，藥師佛回答：「這一顆你拿拿看！」

T小姐說：「可是拿不下來。」

結果突然間我們在場每個人都聞到一股中藥味在實驗室瀰漫，這應該是來自藥師佛網站的中藥信息，經過T小姐天眼而散發出來。

T小姐再試一次無奈地說：「太遠了，拿不到」，我們想：「可能時候還未到」。

圖3-18　參觀藥師佛網站的藥店

日期：2004年3月28日

正確答案	透視結果	實驗紀錄
藥師佛/日光菩薩		‧11：09：36　開始。 ‧11：12：43　看見亮一下 。（亮度：56900 Lux） ‧11：17：10　T小姐問：「可否看第6或第7排之藥園？」藥師佛答：「好啊！」 ‧11：19：05　T小姐問：「可否採藥？」藥師佛答：「還不行。」 ‧11：22：22　T小姐問：「可以看藥店嗎？」藥師佛答：「可以啊！」（如左圖，藥店很亮） ‧11：26：22　T小姐問：「可否拿藥？」藥師佛答：「你們現在不需要。」 ‧11：27：45　T小姐說：「陳建德生病需要藥。」 藥師佛答：「這一顆妳拿拿看！」（有藥味，可是拿不下來） ‧11：32：02　T小姐再試一次，說：「太遠了，拿不到。」我們想：時候還沒到。

二〇〇四年八月八日T小姐去參觀藥師佛網站時，碰到了其他靈體，如下圖3-19所示。首先她看到天眼螢幕亮了一下，接著看到一堆亮的植物，以及一個沒有發光的人，很瘦、帶著斗笠，正在採集植物，T小姐問他：「你住哪裡？」他沒有回答。

T小姐再問：「你為何來採藥？」，那個人就摸肚子，表示肚子不舒服。接著螢幕閃了一下，T小姐被趕出藥園，進不去了，再試還是進不去，就結束了實驗。顯然那個靈不喜歡她問東問西，把她趕出了藥園。

圖3-19　參觀藥師佛藥園時，遇見其他靈

日期：2004年8月8日

正確答案	透視結果	實驗紀錄
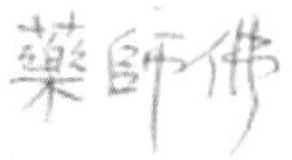	 	・15：52：08　開始。 ・15：55：03　看見亮了一下。 ・15：58：43　看見亮的。 ・16：00：29　看見一堆亮的植物，和一個沒有發亮、很瘦、戴斗笠的人。 ・16：05：02　看見人採植物。 ・16：10：53　T小姐問他：「你住哪裡？」他沒回答。T小姐再問：「你為何來採藥？」那個人就摸肚子。 ・16：13：51　看見閃了一下。 ・16：16：05　天眼進不去。 ・16：16：40　天眼進不去。

天堂庭園，用聖經中的聖名命名

我們做T小姐遨遊神靈網站的實驗時，用的是雙盲實驗。每次實驗的主持人會製作十個樣本，代表可各自到不同神靈的網站參觀；正式實驗時，由第三者任意抽出一個樣本，因此沒有人知道是去訪問哪一個神靈的網站，T小姐、主持人及選擇樣本的人都不知道。實驗中只有記錄T小姐看到的景象，實驗完成後也不會馬上打開樣本，而是放在一邊，直到十個樣本完全做完以後，才逐一打開樣本。

無意中進入天堂網站

一六六頁圖3-20所展示的是二〇〇四年十二月二十四日時，一次很特殊的經驗。

首先，T小姐看到螢幕亮了一下，接著看到有一團人影，像是看門人。而且好像有聽見聲音，但聽不太清楚。接著，她聽到聲音在問：「Which one?」用的是英語，我一看馬上猜測是連到了藥師佛網站。因為好像只有藥師佛網站才有很多藥園，需要問：「是哪一個？」T小姐回答：「First!」，表示第一個藥園。接著，看到有一個人搖頭，表示不行，於是T小姐回答：「隨便一個！」接著，聽到那人生氣地說：「No, you have to pick one.」，意思是不可以隨便，你要選擇一個。我在旁邊建議選擇第十個藥園，沒想到那個人回說：「No, it's wrong! You have to give a name.（你錯了，你必須給個名字。）」，我心想上一次我們問名字，您也不告訴我們，我們怎麼給名字？真是奇怪。

於是T小姐回答說她不知道，隨便給她看一個好了，結果天眼閃了一下，聽到一個聲音說：「OK, maybe just a little bit.（好吧！就一點點吧。）」結果，T小姐看到有一條亮亮的水流，岸邊白白霧霧的，T小姐問：「That's it?（就這樣嗎？）」那人回答：「A lot more, Today, That's it!（有非常多，但是今天就只有這樣！）」

我打開樣本一看，大吃一驚，原來這不是藥師佛網站，而是天堂網站。**原來天堂是用名字來命名庭園，不像藥師佛網站是用數目來命名庭園。我雖然不是基督徒，但是也至少知道天堂中有一個庭園那就是伊甸園（Garden of Edan）。**

圖3-20　T小姐訪問某神靈網站之後才發現是天堂

日期：2004年12月24日

正確答案	透視結果	實驗紀錄
耶穌/Can I get into heaven	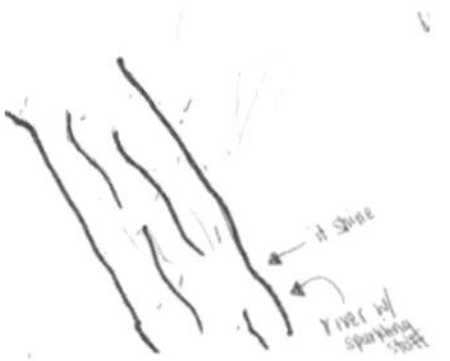	‧08：27：52　開始。 ‧08：31：58　看見亮一下。 ‧08：34：15　看見亮一下。 ‧08：34：45　看見一團像人影的影像。 ‧08：36：15　好像有聽見聲音。 ‧08：37：10　聽到聲音問：「Which one? 」T小姐答：「First!」 ‧08：39：17　看到有一個人搖頭，T小姐回答：「隨便一個。」 ‧08：41：55　那人說：「No, you have to pick one.」（李嗣涔教授建議：第10個藥園） ‧08：43：10　那人說：「No, it's wrong ! You have to give a name.」 ‧08：43：55　T小姐說她不知道，隨便給她看一個好了。 ‧08：44：15　看見閃了一下。 ‧08：46：25　那人回答：「OK,maybe just a little bit.」 ‧08：47：54　看見有一條亮亮的水流，岸邊白白霧霧的。 ‧08：51：11　T小姐問：That's it ?」那人回答：「A lot more, today, that's it !」

重訪伊甸園

不過再去伊甸園的經驗，要等到十年以後才能實現，因為我從二〇〇五年當了臺大校長，為了避免造成爭議，只好等到二〇一三年六月，我從臺大校長卸任後才再度恢復了手指識字的實驗。

二〇一四年三月六日，T小姐嘗試去參觀伊甸園，我用的樣本是寫「耶穌／Can I get into Garden of Edan」，這次很順利沒人阻擋，一次就進了伊甸園，如下圖3-21所示。T小姐看見一片景色，下半部整片很亮、非常漂亮的藍綠混和色彩；上半部是淡金黃色，整個景象非常漂亮，接著就沒有影像而結束了。

圖3-21　T小姐訪問天堂的伊甸園

日期：2014年3月6日

正確答案	透視結果	實驗紀錄
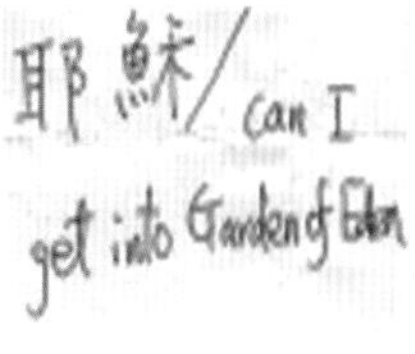		・12：38：11　開始。 ・12：45：10　看見下半部是整片很亮、非常漂亮藍綠混和色彩，上半部是淡金黃色。  ・12：47：15　沒影像 。 ・12：47：29　結束。

所以伊甸園還在天堂裡，希望未來還可以去參觀其他先知或天使的庭園。我們並非基督徒，但是只要有禮貌、客氣地詢問，得到允許，天堂守門人都會讓我們進去參觀天堂，不像人間的基督教有時會敵視非教徒，這應該不是耶穌本來的態度。

實驗中發現很有趣的一件事是：用中文的「耶穌」，總是可以連上天堂，表示它是神聖字彙，我猜想這是因為「耶穌」的發音與原來的發音近似之故。耶穌用的母語是阿拉米文，現在敘利亞南部有些區域仍在用阿拉米文，阿拉米文「耶穌」的發音（Yeshua）與中文蠻接近的。

參觀西方極樂世界諸佛的網站

進入佛的國度

二〇〇四年十二月二十四日，我們請T小姐用手指識字實驗嘗試去參觀阿彌陀佛的西方極樂世界，於是先去預約，如下頁圖3-22第一列所示。

我們用的樣本是「阿彌陀佛／預約進佛國」結果阿彌陀佛的回答是：「明天」。第二天十二月二十五日，我們就依約進佛國，如圖3-22第二列所示，用的樣本是「阿彌陀佛／依約進佛國」，這樣就不會冒昧突然闖入，引起阿彌陀佛不高興。結果T小姐的天眼從九點零三分起閃了一下，九點零六分起一直閃一直閃，顯示很不穩定，進不去佛國，直到九點零八分才成功進入佛國。

圖3-22　T小姐參觀阿彌佛陀的網站

日期：2004年12月24日

正確答案	透視結果	實驗紀錄
阿彌佗佛/预约進佛國		・10：16：24　開始。 ・10：18：35　看見閃一下。 ・10：20：14　一樣。 ・10：21：00　一樣。 ・10：22：05　一樣。 ・10：23：26　阿彌陀佛回答：「明天。」

日期：2004年12月25日

正確答案	透視結果	實驗紀錄
阿彌佗佛/依约進佛國	圖1  圖2 	・08：58：06　開始。 ・09：03：14　看見閃一下。 ・09：06：19　看見一直閃、一直閃。 ・09：07：12　看見閃一下。 ・09：08：12　看見T小姐跪著，前面出現一個很大的亮人，頭上一圈亮亮的。 ・09：11：24　看見一片金色。 ・09：13：24　沒影像了。 ・09：14：08　結束。

T小姐在天眼中看到自己跪著，前面坐著一個很大的亮人（頭的後方掛著一個亮的圓圈），就像我們常看到的阿彌陀佛畫像，T小姐的大小還不及亮人的腳趾頭高；接著，高大的亮人站起來，帶著小小的她走進佛國，然後佛國就變成一片金色的世界，整個過程就結束了。

原來西方極樂世界是一個金色的世界，阿彌陀佛就坐鎮在裡面。

欲參觀彌勒佛的網站

二〇〇四年八月六日，我們請T小姐用手指識字實驗嘗試去參觀彌勒佛的網站，於是先去預約，如下頁圖3-23第一列所示。我們用的樣本是「彌勒陀佛／預約進佛國」，結果彌勒佛的回答是：「Maybe」，好像不太歡迎我們的樣子。

不過當天下午我們就再度試試看去連上彌勒佛網站，但是因為是雙盲實驗，我們並不知道是去彌勒佛的網站。

下午兩點十分開始實驗，但是七分鐘內天眼螢幕都只是閃一下、閃一下，或亮一下，到了下午兩點十九分時，才看見一個很大很亮的圓，接著看見數個發亮的圓，六

圖3-23　T小姐參觀彌勒佛的網站

日期：2004年8月6日

正確答案	透視結果	實驗紀錄
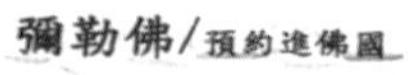		・10：58：50　開始（右手出現正電壓）。 ・11：02：14　看到黑色閃一下。 ・11：03：28　看見亮一下（T小姐向師父請求）。 ・11：04：59　看見亮一下。 ・11：06：08　看見亮一下（T小姐向師父請求）。 ・11：07：34　聽見「Maybe」。（T小姐問師父，今天下午可不可以？） ・11：10：05　仍聽見「Maybe」，結束。
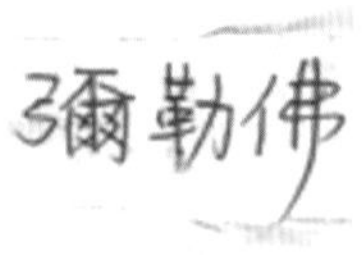 （以為是藥師佛）	圖1  圖2 	・14：10：24　開始。 ・14：14：20　看見閃一下。 ・14：15：28　看見閃一下。 ・14：16：39　看見閃一下。 ・14：17：52　看見亮一下。 ・14：19：23　看見一個很大很亮的圓，如圖1。 ・14：21：29　看見數個發亮的圓，如圖2。 ・14：23：30　看見全部的亮圓轉一圈就消失了。 ・14：25：58　看見很黑的一片，請問師父那是什麼？ ・14：28：35　看到變得很黑很黑，聽到師父說：「錯了」的聲音。 ・10：30：12　感覺師父有點生氣，聽到祂說：「錯了，就是錯了。」 ・10：31：40　結束。

個排成一圈，我以為是連接上藥師佛的網站，才有幾個小亮圈。四分鐘後，T小姐又再看見全部的亮圈隨著順時針轉了一圈後就全部消失了。於是，我們討論著藥師佛的網站中這次看到的怎麼跟以往不同。

在下午兩點二十五分時，在天眼螢幕上，T小姐看到黑的一片。T小姐請教天上的師父：「那是什麼？」接著天眼螢幕變得很黑很黑，她聽到師父說「錯了」的聲音，感覺有些生氣；最後聽到師父說：「錯了，就是錯了」，就結束了。

我們打開樣本一看，原來是彌勒佛，不是藥師佛。怪不得我們討論藥師佛，師父要生氣地說：「錯了」。

參觀觀世音菩薩的網站

二〇〇四年十二月二十四日，我們想參觀觀音菩薩的網站，前去預約，T小姐用的樣本是「觀音／預約進觀音網站」，如一七五頁圖3-24第一列所示。

上午九點四十分開始做實驗，八分鐘後，她的天眼亮一下；九點五十三分時，她看到一個白白的、瘦瘦的又高高的人，站在某個東西上面說：「晚一點。」就飄走了，接著又補充一句：「今天晚一點。」就結束了。

顯然來的是站在某個東西上面的觀音菩薩（我猜應是蓮花），但是今天太忙了，因此先去聞聲救苦，我們做實驗不是那麼緊急，今天晚一點來就可以了。

我們第二天十二月二十五日依約用「觀音／依約進觀音網站」的樣本，讓T小姐進入觀音的網站參觀，如左圖3-24第二列圖所示。

上午九點十七分實驗開始，在二十一分時，她天眼亮了一下；在二十三分時，T小姐從天眼看見她跟著瘦高並身穿白衣的人，穿過蓮花滿布的地方，走到岸邊，池塘裡滿是蓮花。接著觀音就飄身到蓮花上打坐，與平日我們常看到的觀音蓮坐圖類似。九點二十六分實驗結束。所以在觀音的國度裡，不管陸上或水上都滿布著蓮花，是一個蓮花的世界。

圖3-24　T小姐參觀觀音菩薩的網站

日期：2004年12月24日

正確答案	透視結果	實驗紀錄
觀音/預約進觀音網站		・09：40：03　開始。 ・09：48：44　看見亮一下。 ・09：53：10　看見有一個白白、瘦瘦、高高的人。 ・09：55：47　看見一個人站在某東西上面說：「晚一點」，就飄走了。 ・09：59：38　祂說：「今天晚一點。」

日期：2004年12月25日

正確答案	透視結果	實驗紀錄
觀音/依約進觀音網站	圖1 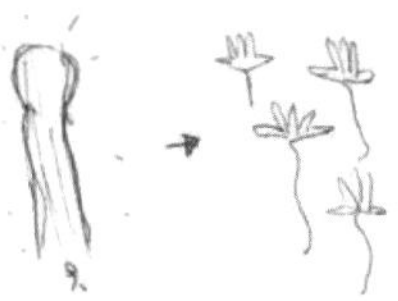 圖2  圖3 	・09：17：23　開始。 ・09：21：57　看見亮了一下。 ・09：23：21　T小姐跟著瘦高且身穿白衣的人，穿過蓮花滿布的地方，如圖1、圖2所示。走到岸邊，池塘滿是蓮花，接著穿著白衣的人就飄到蓮花上，如圖3所示。 ・09：26：18　結束。

參觀文殊菩薩的網站

二〇〇四年十二月二十五日，我們也預約進了文殊菩薩的網站，如左圖3-25所示。

實驗從上午九點四十五分開始，在四分鐘後，T小姐天眼閃了一下，過了兩分鐘後，天眼又亮了一下，她看見一個亮亮的東西，但跑掉了；九點五十四分時，牆上有個微微發亮的東西，裡面排得密密麻麻的，排列得很整齊；九點五十七分時，T小姐看見一根手指指著牆上的字，應該是文殊菩薩的手指。接著，就冒出一串珠珠，每一顆珠珠中都有一堆字；十點零二分時，所有景象都沒了，實驗結束。

所以文殊菩薩網站的牆上，所寫的都是密密麻麻的佛經。文殊代表智慧，佛經都記錄在網站中，因此高功能人是有機會把這些原始佛經下載到人間的。

圖3-25　T小姐觀文殊菩薩的網站

日期：2004年12月25日

正確答案	透視結果	實驗紀錄
文殊/預約進文殊網站	圖1  圖2 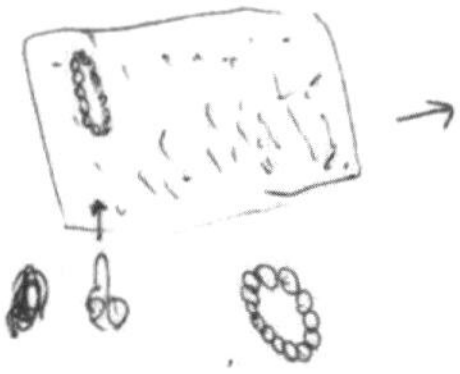 圖3 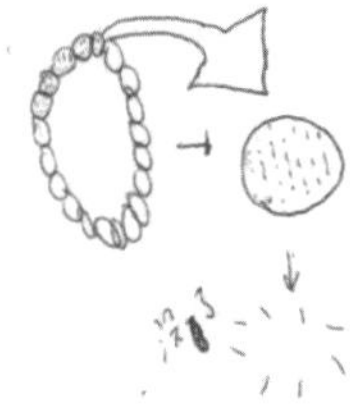	・09：45：40　開始。 ・09：49：38　看見閃了一下。 ・09：51：00　看見閃了一下。 ・09：52：56　看見一個東西發亮，然後跑掉。 ・09：54：45　看見牆上有個微微發亮的東西，裡面密密麻麻的，東西排得很整齊，如圖1所示。。 ・09：57：37　看見一根手指指著牆上的字，就冒出一串珠珠，如圖2所示。每一顆珠珠中都有一堆字，如圖3所示。 ・10：02：41　結束。

遇見聖賢——進入老子與孔子的網站

當我們於二〇〇〇年八月五日的手指識字實驗，第一次以「老子」一詞給T小姐測試時，她在天眼中先看到了一個暗的人影，背景正常，接著人影消失，然後「老子」兩個字出現。此後百試不爽，一碰到「老子」兩字，都是先出現暗的人影，再出現「老子」兩個字，如左圖3-26第一列及第四列所示。由於看到異象，表示「老子」兩個字是神聖字彙，我們可以藉由手指識字接上祂在信息場的網站。

其實老子在信息場有網站並不令人訝異，從《道德經》第二十五章的內容可以看得出來：「有物混成，先天地生。寂兮寥兮，獨立而不改，周行而不殆，可以為天下母。吾不知其名，字之曰道……」老子知道，在天地出現之前，就有一種混合物的存在，非常的寂靜不會改變，一直的運行不綴，是天下萬物產生的源頭。祂不知道這個混合物的名字，就把它叫做「道」。這個「道」，很像西方宗教裡所信奉的「上

圖3-26　「老子」與「孔子」字彙的實驗

日期：2000 年 8 月 5 日

正確答案	透視結果	實驗紀錄
老子		・11：50：00　開始。 ・11：51：47　看見一片紅色。 ・11：52：30　有個東西出現在紅色螢幕上。 ・11：53：16　有個人影出現在紅色螢幕上。 ・11：53：38　看見空白螢幕。
孔子	孔子	・18：36：15　開始。 ・18：38：23　看見一個暗的人。 ・18：36：53　看見一塊黑色。 ・18：39：14　看見「孔子」二字。 ・18：39：40　看見平常的螢幕，比較亮一點。 ・18：40：00　看見平常的螢幕，比較亮一點。
孔子	孔子	・19：04：40　開始。 ・19：05：32　看見螢幕上有較暗的人影。 ・19：06：40　看見「孔子」二字。 ・19：06：58　一樣。 ・19：07：15　看見空白螢幕。
老子	老子	・18：45：15　開始。 ・18：46：26　看見有一人影在螢幕上，是較暗的陰影。 ・18：46：53　看見黑色。 ・18：47：50　一樣。 ・18：48：08　看見「老子」二字。 ・18：48：24　一樣。 ・18：48：36　一樣。 ・18：48：46　看見空白螢幕。

帝」，是宇宙一切萬物之母。我猜想，這就是我們所發現的「虛數時空」。

老子顯然是有練功的，從《道德經》上「致虛極，守靜篤……」的境界，就知道老子深得練功的精髓，因此他練到高深的階段而能連上虛數時空是自然的結果，他能在虛數時空創造出一個網站似乎也不足為奇了。

只是他呈現在T小姐天眼上的影像是暗的人影，不像「佛」、「菩薩」、「濟公」或「耶穌」等字彙會導致亮光、發亮的人影或亮光的十字架，好像境界上差了一些，比較接近人界，而不屬於神佛的境地。

如果一個人修練自身的境界，以幼稚園、小學到碩士、博士的階段來比喻，我猜想老子修練的境界可能到了高中、大學的階段，比起神佛的碩博士境界可能還有一段距離，因此只出現暗的人影，而非亮的人影。

意念攝影，照下天眼中的影像

北京中國地質大學人體科學研究所的沈今川教授及功能人孫儲琳女士曾合作過一段時間的「意念攝影」實驗。

他們把長方形的拍立得相紙放入相機，不用相機鏡頭，而是把向外曝光的一面用一片鋼板擋住。做實驗的時候，孫女士把手掌按在鋼板上，把腦中天眼上的影像直接投射在相機中最上一張拍立得的相紙上。成功後，把相紙由相機抽出，等一分鐘顯影後，再把相紙上的護套撕開，影像就在相紙上出現。

五年來，他們已成功地拍下數百張的念攝照片，其中有一些是老子的照片。

根據孫女士的說法，她在心裡呼喊「老子」這兩個字後，天眼中就飛入一些影像，看得不是很清楚，隱約可見是一個老人，有鬍鬚、頭髮稀疏，或站或坐，或是在練拳，或在打坐，有各種姿勢。她選了一個打坐的姿勢投射到拍立得相紙上。沈教授把這些念攝照片送給了我一份，如下頁圖3-27所示，我一看之下大為振奮，只見照片中一片黃色的光芒下，襯托出一個老人打坐的身影，這不就是T小姐藉由「老子」兩字所看到的「暗的人影」嗎？

孫女士藉由意念、T小姐藉由手指識字，都經由關鍵字「老子」，而連上了信息場中老子的網站，看到了首頁的內容。我們何其有幸，沒有開發出功能，卻能在有生之年藉由念攝的實驗，看到信息場中老子網站的首頁。

圖3-27　意念攝影下的老子打坐顯影圖

透過「意念攝影」，拍下的老子影像。隱約可見一個老人正在打坐。

孔子的顯像

老子自己練功，也在虛數時空建有網站，那孔子呢？

《論語・雍也》篇第二十一章，子曰：「務民之義，敬鬼神而遠之，可謂知矣。」《論語・述而》篇第二十章，子曰：「子不語：怪力亂神。」一般人認為孔子是不相信有鬼神的。因此當二〇〇〇年八月我們做手指識字實驗，第一次以「孔子」一詞給T小姐測試時，她竟然看到異象，讓我們大為震驚。

她在天眼中先看到了一個暗的人影，接著人影消失，然後「孔子」兩個字出現。沒想到異象出現的過程竟然與「老子」兩字實驗的結果完全一樣。此後百試不爽，一碰到「孔子」兩字，都是先出現暗的人影，再出現「孔子」兩個字。

原來孔子在信息場中也建立了網站，其在信息場的地位似乎與老子完全一樣。

我們再試了「孟子」與「莊子」，結果沒有產生任何異象，兩個字彙都直接被寫出來了，這表示亞聖就不行了。好像只有一個大門派的開創者，才有足夠的力量在信息場創立網站。這到底是怎麼一回事？是孔子自己也有修練到至高境界而能建立網站？還是如心理學家榮格所聲稱的「集體無意識」所造成，是中華民族對孔子的集體信仰與崇拜，在信息場中塑造了一個網站？

孔子真的不信鬼神嗎？

孔子真的不信鬼神嗎？《論語・述而》篇第三十三章中提到，有一次孔子生病，子路要替他祈禱，孔子反問：「你真的做了嗎？」子路說：「我是向上下各方的鬼神祈禱。」孔子就說：「那我早就在祈禱了。」**顯然在孔子那個時代，生病是要在上層的心性及信息層面下工夫，把不良的狀況調整過來就能治病，他們似乎是相信有一個形而上的世界存在。**

孔子作《繫辭傳》有云：「形而上者謂之道，形而下者謂之器。」人體、器物、動植物屬於形而下的容器界，容器之上還有一個形而上的世界（道）。

根據佛光大學宋光宇教授的新書《論語心解》，有更進一步的闡述。比如學《論語》都是由〈學而〉篇開始，但是要學什麼？是學當時僅有的詩經及書經，還是學「聖人之事」？依照傳統儒家的「內聖外王」理念，應該是學習聖人之事。內聖就是內心要像古代聖王一樣的有敏銳空靈的知覺能力，外王就是要用這知覺能力去覺察外在宇宙的運行原則，也就是用「道」來治理國家。以現代的科學語言來說，儒家學習的方法是與信息場溝通，然後引天地的智慧來治理國家。

那麼「敬鬼神而遠之」、「子不語：怪力亂神」又是怎麼一回事呢？

《論語》中各篇章節的安排，上下都有邏輯的關係，一句話有時會和上下文互相呼應。孔子說：「務民之義，敬鬼神而遠之，可謂知矣。」指的是把該做的事做好，尊敬鬼神但是又不完全依賴祂，保持個人思考空間，就是「知」。整句話不但沒有否定鬼神的存在，只是要不完全依賴祂。另外，「子不語：怪力亂神。」則是和上文呼應：「我非生而知之者，好古，敏以求知著也。」孔子說出他的特質：「我不是天生就懂那麼多事，而是在心性安定和空靈狀態下，敏銳地覺察各種事物及現象，才會知道這麼多的事。」孔子是指在訴諸安定心性，並長時間的敏銳觀察時，要特別的小心，不要妄言「怪力亂神」之事。是呼應上文的狀況下，才需要不亂說怪力亂神，並沒有否定鬼神的存在。

原來孔子所教導我們的，並不只有人間的王道，還有天人合一的學問、溝通信息場的學問。而且他似乎還能從信息場擷取資訊，自然他在信息場裡擁有網站是水到渠成、理所當然的。

民間神明的啟示

神靈是出自集體潛意識，還是真的存在？

臺灣各地都有廟宇，有大規模的佛寺、道觀，也有在路邊的一個小廟，供奉各式各樣的當地神靈，接受成百上千的信徒長期的膜拜，祂們真的在信息場設有網站嗎？我們可以經由手指識字辨識關鍵字，而連上網站的首頁嗎？祂們的網站有沒有設密碼或防火牆？經過T小姐的手指識字實驗，我們獲得一些初步的結果。

從天眼中可看到異象的神聖字彙如下：

關公　最先會有嚴肅的感覺，接著字彙就出現了。

玉皇大帝　會出現一點點亮的螢幕。

掌司人間祿籍的文昌帝君　看到有些暗、有些白的花紋出現在螢幕上。

媽祖 看到有一點亮的人。

濟公 看到一個亮人或亮的螢幕，發亮的程度只比佛或菩薩略低。

禪宗初祖達摩 看到有一點亮的螢幕，和以往看到的都不一樣。

在這些字彙中，「關公」是三國時代蜀國的大將，本身並沒有修練成道的紀錄，後來與吳國戰爭中被呂蒙所執不屈而死。被後來的皇帝封為「關聖帝君」，建廟接受民間的祭祀與膜拜，至今有一千多年。祂在信息場的網站，不像是自己的功力所建造，倒像是由中華民族的集體意識所塑造。

「文昌帝君」原為梓潼帝君，姓張，名亞子，居四川七曲山。仕晉戰歿，人為立廟，唐宋屢封為英顯王。道家謂梓潼掌文昌府事及人間祿籍，故元加封為帝君，這均出於道家之附會。但是歷史上文昌帝君甚受讀書人的敬奉，至今仍受到許多考生的垂愛，每當聯考季節來臨，還是有很多考生紛紛前往文昌帝君廟祭拜，祈求考試順利。看來「文昌帝君」的網站也是由民族的集體意識所塑造出來的。

由此來推論，若是一些神靈像佛菩薩般神通廣大，自己有能力建立網站，再加上人間大規模的祭拜，有可能形成滾雪球效應，塑造出超級網站。

我們也注意到，T小姐無法連到很多道家仙人或真人的網站，像八仙、張三丰、司馬承楨[1]等，讓我們困惑了一段很長的時間。慢慢地我覺得原因有兩個：

第一，網站的照顧非常耗費人力，要有人修改版面、回答問題、更新資料。可是一般道家人士都是散仙，獨善其身、離群索居，很少有大量徒弟，建立網站困難，維護更是困難，因此可能根本沒有網站。

第二，經我詢問一位真正的今之道士，W先生得知有可能是我們不知道網站的密碼之故。道家認為天地實像陰陽交錯，微妙平衡得以永存，不是一般人應該知道的事情，否則容易擾動天地平衡恐有大災難。因此不建網站，不能隨便讓開天眼卻不具德性的人知道太多的天地祕密。

與天溝通，務必誠意正心

我們也發現神明名字的撰寫，一定要工工整整，不可亂寫。像有一次，一位參與手指識字的研究員，寫了「媽祖」一詞，不過是大「媽」小「祖」，「媽」字比「祖」字大了六倍，結果T小姐看到的亮人長得和正常「媽祖」不一樣。

原來神聖字彙的形狀在連網時也扮演重要的角色，不同的字形顯然在連網時重組了網頁的內容，或扭曲了傳輸的資訊。

還好媽祖是海神，是救苦救難的菩薩，也許不太在意網址被故意扭曲。要是碰到一個魔頭時，也許就會遭到不好的報應了。**與天溝通，務必誠意正心，規規矩矩地寫神聖字彙，以保平安。**

編註1　司馬承禎
道教上清派茅山宗第十二代宗師。

十年後，重遊諸佛的網站

由我們的手指識字實驗發現，虛數時空中充滿了神靈的網站，只要找到正確的網址，就可以連上網站的首頁；但是要進去網站參觀其他網頁則必須先預約，經過網主的同意，則可以按約定時間前去參觀。網主有空還會親自接待，有時還會碰到其他的靈也去參觀。

我們與T小姐用手指識字實驗遊歷諸神的網站實驗，到二〇〇四年告一段落，因為我二〇〇五年六月接任臺大校長，為避免造成外界爭議，因此停止了實驗。直到二〇一三年六月，我卸任臺大校長以後，才逐步開始恢復相關實驗。不過要到二〇一六年二月，經過了十二年之久，我才恢復拜訪諸神的網站實驗。

時隔十多年，T小姐已經從美國普渡大學獸醫醫學院畢業，是美國加州正式執業的獸醫師，可以與動物直接溝通，功力比十年前有大幅的增進，看到的景象以及與諸佛的關係已經與往日不同，我們就以去「藥師佛」、「阿彌陀佛」及「觀音」的網站來說明，如下頁圖3-28所示。

二〇一六年二月二十二日下午十五點二十七分開始實驗，如下頁圖3-28第一列所示。

T小姐的天眼在兩分鐘及八分鐘後各亮了一下，接著出現一片很深的光亮，但什麼都沒有，延續了兩分鐘，在十五點三十七分時還是看不到東西，這時T小姐聽到藥師佛用中文講：「讓你感覺」，六分鐘後，她感覺頭的左邊麻掉、不舒服，我們決定停止實驗。藥師佛要T小姐用感覺的方式去感受，而不是讓她去看藥園。

隔天二月二十三日，則是去參訪阿彌陀佛的西方極樂世界，如圖3-28第二列所示。

實驗在下午十六點九分開始。一分鐘後，T小姐看到很亮的影子；在十六點十二分時看到很亮、很大的一個形狀，將整個螢幕占滿，我們想應該是阿彌陀佛。一分鐘後，看到亮人在很遠的地方，T小姐問祂說：「可以打招呼嗎？」亮人縮小而去，實驗就結束了。顯然T小姐曾接近光亮而巨大的阿彌陀佛，但只看了一眼，阿彌陀佛就遠去了。不像二〇〇四年（如一七〇頁圖3-22所示），T小姐是跪在阿彌陀佛面前，尚不及祂的腳趾高度，比較卑微。

圖3-28　T小姐再度訪問諸佛的網站

日期：**2016年2月22日**

正確答案	透視結果	實驗紀錄
 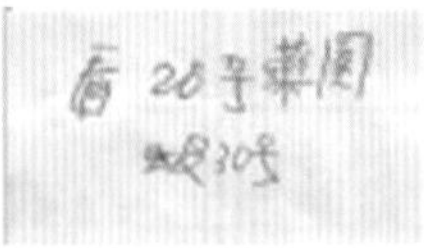		・15：27：26　開始。 ・15：29：44　看見閃了一下。 ・15：35：00　看見一片很深的亮光，但什麼都沒有。 ・15：35：47　一樣。 ・15：37：58　看不到東西。 ・15：41：30　祂用中文說：「讓你感覺。」 ・15：43：40　T小姐感覺頭的左邊麻掉、不舒服。

日期：**2016年2月23日**

正確答案	透視結果	實驗紀錄
		・16：09：03　開始。 ・16：09：34　看見很亮。 ・16：10：54　看見很亮的影子。 ・16：12：30　看見很亮很大的一個形狀，整個螢幕占滿。 ・16：13：50　看起來那人很遠，T小姐問：「可以打招呼嗎？」發光的人縮小而去。 ・16：13：50　結束。
	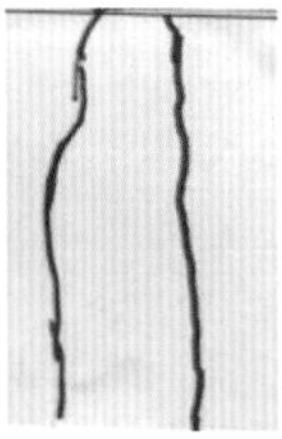	・16：18：05　開始。 ・16：19：25　看見閃一下。 ・16：20：31　看見螢幕很亮。 ・16：21：20　一樣。 ・16：24：03　看見一個人影，高高瘦瘦的，在遠處。 ・16：25：50　T小姐問:「能否教我治療?」接著整個左手臂是麻的 ・16：27：50　祂笑一笑就走了（感覺像女的）。 ・16：30：10　結束。

同日，T小姐也去訪問觀音菩薩的網站，如右圖3-28第三列所示。

實驗從下午十六點十八分開始，兩分鐘後，她從天眼中看到螢幕很亮；在十六點二十四分時，看到一個人影，高高瘦瘦的，在遠遠的地方；一分鐘後再看見祂，T小姐問：「能否教我治療？」接著就感覺到整個左手臂是麻的；在十六點二十七分時，亮人笑一笑就走了（感覺像是女的），實驗就結束了。那位亮人高高瘦瘦的，應該就是觀音菩薩。此時，T小姐就用麻掉的左手撫摸在場背痛了超過一個月的陳博士。

第二天我問陳博士效果如何？他說昨天晚上背痛就好了、不痛了，被觀音菩薩所施展的神奇力量治癒了，很顯然的，T小姐現在的地位較接近諸佛了，不像十年前比較卑微。

總之，從古至今不論東西方各種宗教都知道靈界的存在，我則在一九九九年八月二十六日起，從物理學會來踢館的手指識字實驗中，因為測試佛字才偶然發現了靈界的存在，創造出撼人的戲劇效果。當時我為了避免用「靈界」這個辭彙，會引起主流科學界反射式的反對，因此改用「信息場」（information field）來取代；直到二〇一四年，為了架構宇宙的實像複數時空，我才把信息場改為虛數時空。

第四章

一物兩象與特異功能原理

粒子自旋割裂時空的結果，
創造出「一物兩象」的神祕現象。
原來任何物體在虛空還有一個一模一樣的虛像，
天眼就是在掃描虛像。

探究特異功能的物理機制

我在第一章中提出新的宇宙模型，認為真實的宇宙是八度的複數時空，除了我們所熟知的四度實數時空（三度空間、一度時間），也就是「陽間」以外，還有一個四度的虛數時空在旁邊，也就是「陰間」，是意識的世界。

我也提出意識的物理，認為心靈是量子現象，量子狀態必須要用複數的函數來描述，虛數i的出現代表意識的出現，因此量子態就是物質進入心物合一的狀態。

由這個統一架構，我們可以去解釋宇宙大尺度的謎團，例如暗質及暗能的本質，我們也可以真正了解宇宙小尺度量子力學的謎團，例如決定論的薛丁格方程式竟然會得出粒子或然率的分布，量子糾纏是以超光速方式在兩量子間傳遞信息等等。至於宇宙中尺度的謎團，例如特異功能的手指識字、念力等不可思議的現象，要如何利用新的宇宙模型去解釋呢？其中須先了解的關鍵步驟是：天眼要如何去搜尋紙條或要操作的物體，把這些外界的信息送回大腦，讓大腦的意識去看或去操作呢？

解開「一物兩象」的神祕現象

二〇一四年以前，我的猜想是天眼這個量子現象會穿出大腦，經過身體擴散到手握的紙條，或穿出身體到達離體的物體，把它們籠罩起來，強迫它們進入心物合一的現象，再把想要獲得的資訊傳遞回來。但是如何強迫紙條或物體也進入量子狀態，我則想來想去，找遍現有的科學論文，也找不出任何可能的物理機制來。

二〇一四年我提出複數時空以後，為了找出實數與虛數時空溝通的管道，大膽假設兩個時空是由無數大大小小的渦漩通道所聯通，兩個相鄰的正反通道（一個由實到虛，另一個由虛到實）會形成立體的太極結構，其魚眼部位就是通道，而最小的通道就是基本粒子的自旋。**所有在實數空間的物體由於都是由原子構成，原子中每一個基本粒子也都有自旋，都有通往虛數時空的通道，因此在虛數時空中皆會出現一個形狀一樣的虛像**。這虛像是自旋通道在虛空出口的組合，形狀與實物是完全一樣的，因此造成「一物兩象」的神祕現象。任何一個實數時空的物體，在虛數時空都有一個形狀一樣的結構，後來我漸漸發覺這個虛空的結構竟然在手指識字及念力的作用上扮演了重要且關鍵性的地位。

左圖4-1（a）顯示的是一個在實數空間的玻璃瓶，左圖4-1（b）顯示的則是玻璃瓶構成的原子內自旋通道在虛空出口所組合成的虛像，兩者形狀一樣或互補，因此「一物兩象」表示：任何一個實數時空的物體在實虛兩空間都有一個形狀一樣的結構。只有神聖字彙例外，如：「佛」、「觀音菩薩」、「耶穌」、「藥師佛」、「彌勒佛」等，其虛像已經被這些神聖人物在虛空的意識所修改成大圓、多排的小圓、十字架等不同結構。

同樣的，我們要問：虛空中的物體或能量形式在實數時空也會產生實像嗎？我認為要看能量的結構形式，虛空中的能量形式如果不包含自旋通道，無法與實數空間溝通，則不會產生實像，是屬於暗質及意識的純能量。但如含有自旋時空結構，其通道出口則會在實數時空形成一個沒有物質存在的影像（鬼影）而已。

做手指識字或念力實驗時，當受試者打開天眼以後，天眼的量子狀態進入虛數時空掃描字彙或物體的虛像，帶回天眼形成影像，而被大腦覺知中心辨認出來。要想真正了解手指識字的物理機制，首先要了解接下來會談到的正常雙眼視覺的物理機制。

圖4-1　一物兩象的虛實共存

（a）瓶子在實數空間的實像

（b）瓶子在虛數空間的虛像

▼

任何一個實數時空的物體，在虛數時空都有一個形狀一樣的結構。

正常視覺的生理機制

根據現代生理學，大腦看到外界景物的視覺過程中，首先需要光源。光源會發出的可見光光子（電磁波）打到景物後反射進入眼睛；或者景物本身會發光，發出光子或電磁波，不同的頻率代表不同的顏色及能量，這些光子被視網膜的錐狀或桿狀細胞壁上的視紫質（rhodopsin）分子所吸收。視紫質分子吸收光子後，分子的形狀會改變、彈離細胞壁，引發一個神經脈衝信號送往大腦，信號在眼睛正後方的大腦枕部做先期處理後，再送往大腦視覺其他部位處理，最後送進視覺中樞，被覺知產生視覺，如左圖4-2所示。

錐狀細胞有三種，各感知不同波段顏色的光子。一般神經生理學專家相信，大腦對顏色的感知就是由三種錐狀細胞接收信號混合而成的。

圖4-2　產生正常視覺的生理機制

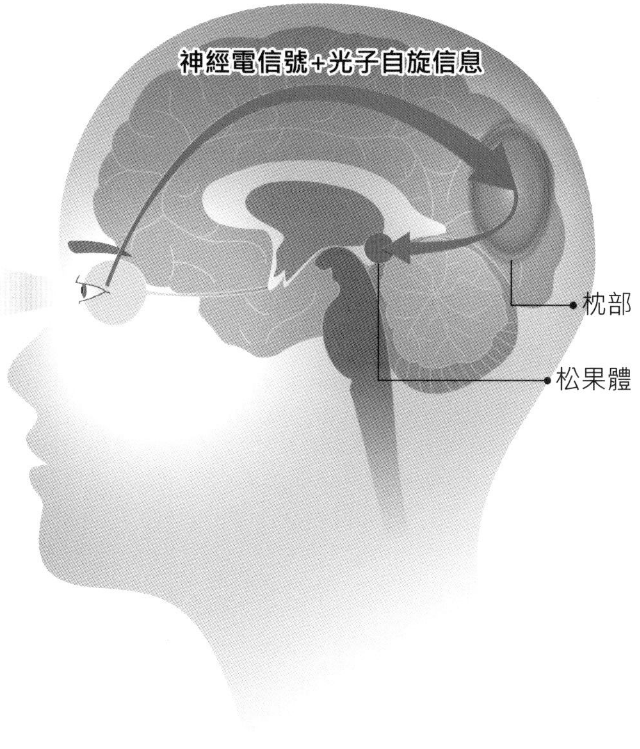

眼睛接收到景物的光子，引發一個神經脈衝信號送往大腦枕部，做先期處理後，再送往大腦視覺其他部位，最後送進視覺中樞，被覺知而產生視覺。

但是手指識字或耳朵聽字實驗的結果顯示，天眼同樣可以看見文字的顏色與形狀，不過完全不需要經過視網膜上的錐狀或桿狀細胞來吸收光子導致神經電信號傳導的過程。這項事實清楚的表示，即使是正常視覺，其顏色或是視覺的產生，其實是靠另外的管道，而非現代神經生理學所描述的神經電信號這唯一的傳遞機制。

也就是說，正常視覺其實靠兩個管道傳遞視覺信號。其中一個就是現代神經生理學所描述的神經電信號管道；但是不幸的是，大腦中樞覺知部位並不是在解讀大腦不同神經電流信號的組合，而是在解讀神經電信號所攜帶的另一種信息「光子自旋殘留信息」，而感覺出顏色產生視覺。

我在下一篇將提出另外一種信息的本質，這可以統一解釋為何兩種視覺都可以看到顏色及字形。

從手指識字實驗所觀察到的規律

根據過去大量文獻記載，以及我們自己手指識字的實驗結果，可以觀察到實驗成功的幾項規律，任何理論想要解釋手指識字現象，就必須先解釋這些規律：

規律1 大腦中天眼出現時，絕大部分會遮住正常視覺，也就是小朋友正在看的房間內正常的景象會被突然出現的天眼遮住，背景消失。其他少數幾位小朋友有時發現天眼螢幕中的字會與正常視覺重疊，比如看見字似乎被貼在對面的牆上，或出現在做紀錄的大哥哥、大姐姐臉上。

規律2 如果字是彩色的，天眼打開時常常最先看到顏色。不同顏色可能會同時出現，排在同一個畫面上，或會分幾次在天眼中出現。每次會先出現一種或多種顏色，然後才是有顏色的字，一部分、一部分地出現在天眼上，如第二章圖2-6所示（請見八十七頁）。

規律3 當受試者戴上眼罩遮住雙眼時，雖然能看得見字的形狀，但是會增加顏色辨識的錯誤率。在暗室做實驗雖能看見模糊字形，但是都看不見顏色，這表示正常雙眼看見亮光，並利用亮光信息來照亮天眼，是辨識顏色成功的必要條件。

規律4 有時外靈會來到實驗現場，干擾實驗的結果，讓受試者看到的字翻轉、跳動、顛倒或缺少一部分。

規律5 只有看神聖字彙時，是看不到字彙，而是看到亮光或亮人，並能連上虛空中神聖人物的網站首頁。功能比較差的受試者會連到不同的世界，看到不同的景象，但是看不見神聖字彙。

規律6 紙上如果挖了洞，天眼會在挖洞的位置看到一個黑框，如第二章圖2-8所示（請見九十三頁）。

開天眼，會遮住正常視覺

我們用功能性磁造影（fMRI）技術測量T小姐做手指識字時的大腦功能影像，發現天眼最可能的位置是位在大腦的後扣帶皮層（Posterior Cigulate Cortex，簡稱PCC），這是大腦處於靜態下（resting state），其預設模式網絡（default mode network，簡稱DMN）的主要部分，也是負責大腦認知的一部分，如下頁圖4-3的紅圈位置所示。

此部位是位於大腦後方枕部與笛卡兒所認為掌管視覺的松果體之間。這解釋了天眼一開會遮住正常視覺的現象，因為枕部的正常視覺信息被PCC部位的天眼擋住，無法送進視覺中樞（也許是松果體）。

圖4-3　天眼在大腦的位置

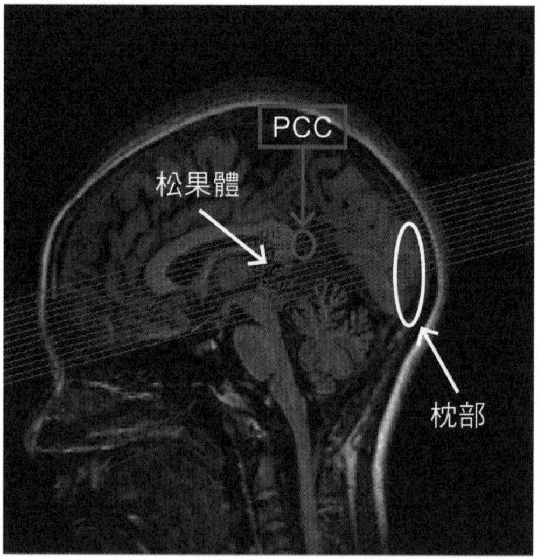

因天眼一開，枕部的正常視覺信息被後扣帶皮層（PCC）部位的天眼位置（紅圈所示）擋住，無法送進視覺中樞，所以天眼一開會遮住正常視覺。

天眼掃描虛像，而非實像

二〇一五年以前，我一直認為天眼是掃描物體的實像；直到二〇一四年提出複數時空的架構，而推導出「一物兩象」的概念後，新的問題馬上出現了。既然物體在實數及虛數時空的影像完全一樣，天眼到底是在掃描紙上文字、圖案的實像還是虛像？

天眼是掃描虛像，才會被靈干擾

直到二〇一五年一月二十日的手指識字實驗，我才確定是掃描虛像。

如二〇九頁圖4-4第一列所示，T小姐於下午三點二十七分開始實驗後，一直開不了天眼，看不到文字，但是感覺怪怪的；到三點三十五分時天眼打開了，但是螢幕晃得很厲害。T小姐感覺她身體後面站有一個靈體在干擾她的實驗，但是靈體處在虛空，我們什麼也看不見，於是實驗在下午三點四十四分結束。

接下來的實驗於下午三點四十六分開始，如圖4-4第二列所示。

在下午三點四十八分天眼打開時，螢幕仍受到干擾，但有好一點；三點四十九分時，天眼看到有個「J」字母到處晃，接著又看到有「E」和「V」兩個字母亂晃，T小姐覺得是現場觀眾中有人帶來的靈所干擾。

很顯然的是，靈體是處在虛空，只有當天眼穿入虛空掃描虛像時，才有可能被虛空的靈干擾。是靈體在撥動英文字的虛像，讓「J」、「E」和「V」字亂晃。由這些實驗結果，我們才確認天眼是穿入虛空掃描虛像，不是在實數空間掃描實像。

圖4-4　T小姐手指識字實驗，受到外靈干擾

日期：2015年1月20日

正確答案	透視結果	實驗紀錄
 玄奘		・15：27：00　開始。 ・15：28：30　無反應。 ・15：33：28　看不到，感覺怪怪的。 ・15：35：28　天眼開了，但螢幕晃得很厲害，後面有靈干擾功能人。 ・15：44：33　結束，無結果。
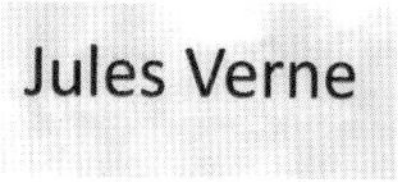 Jules Verne		・15：46：00　開始。 ・15：48：23　仍有干擾，但有好一點。 ・15：49：53　看見「J」到處晃。 ・15：52：04　看見「E」和「V」亂晃。（T小姐覺得有人帶來的靈所干擾）
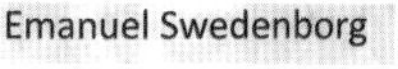 Emanuel Swedenborg	 ENAMU	・16：13：18　開始。 ・16：17：32　看見閃一下。 ・16：19：04　看不清楚，但字不會晃動 ・16：20：08　看見「ENAMU」，但看不清楚。 ・16：21：26　再次確認。 ・14：23：11　知道有很多字，但是已看不到。

產生視覺的第二種管道——光子自旋殘留信息

由於手指識字第三項規律所描述：讓功能人正常雙眼看到亮光，是手指識字辨識顏色成功的必要因素，這些雙眼看到的亮光在大腦內可以照亮天眼的螢幕。因此光子本身必定帶有與顏色相關的信息，可直接與天眼螢幕作用，讓天眼亮起來，而不是間接經由神經電信號來照亮天眼。

我相信正常視覺的產生需要靠兩種信號，如左圖4-5（a）所示，信號一實一虛。第一種實數的信息是現代神經生理學所熟知的神經電信號，但它只是扮演載體的角色，而是把另外一種更重要的虛像中的自旋撓場信息帶入給大腦神經中樞覺知。

圖4-5　正常視覺的真正機制

（a）
正常視覺的真正機制，
包含兩個信息管道：一實一虛

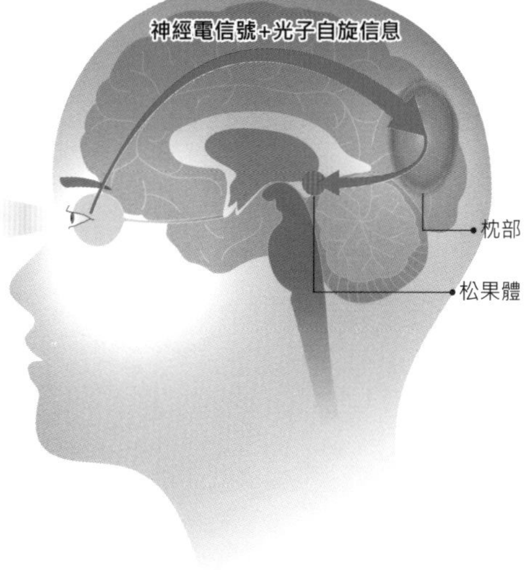

（b）
自旋殘留信息的形成與位置

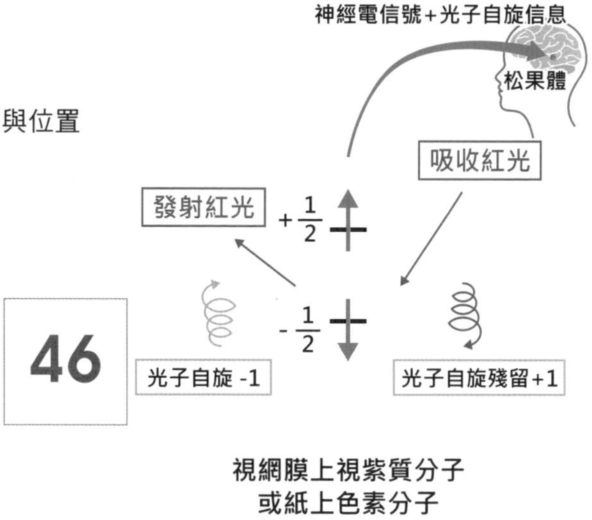

我認為大腦中樞覺知部位，也許就是笛卡兒所稱的藏有靈魂的松果體，它是在解讀另一種信息，也就是光子所攜帶的自旋撓場信息（自旋為1）。這個自旋撓場信息是一個漩渦的時空結構，其撓率是由電磁波頻率所決定的。光子信息中，其頻率代表顏色及能量，這些光子被視網膜的錐狀或桿狀細胞內的視紫質分子自旋為-1/2的軌道吸收變成+1/2，再讓吸收的能量轉換成神經電信號送往大腦。

當入射眼睛的光子被桿狀或錐狀細胞內的視紫質分子吸收消失後，自旋為+1的撓場渦漩時空結構並不會馬上消失，仍殘留在當地視紫質分子附近，如上頁圖4-5（b）所示。這個帶有頻率信息的自旋撓場所殘留信息會跨越陰陽界，被接著產生的神經電信號帶著送進大腦，最終送達視覺中樞覺知部位（松果體）。

所以，視覺意識中樞真正在解讀的是自旋撓場的殘留信息，不同撓率的自旋會被覺知成不同的顏色，這個機制就可以用來解釋手指識字的原理，如左圖4-6所示。

圖4-6　手指識字的物理機制

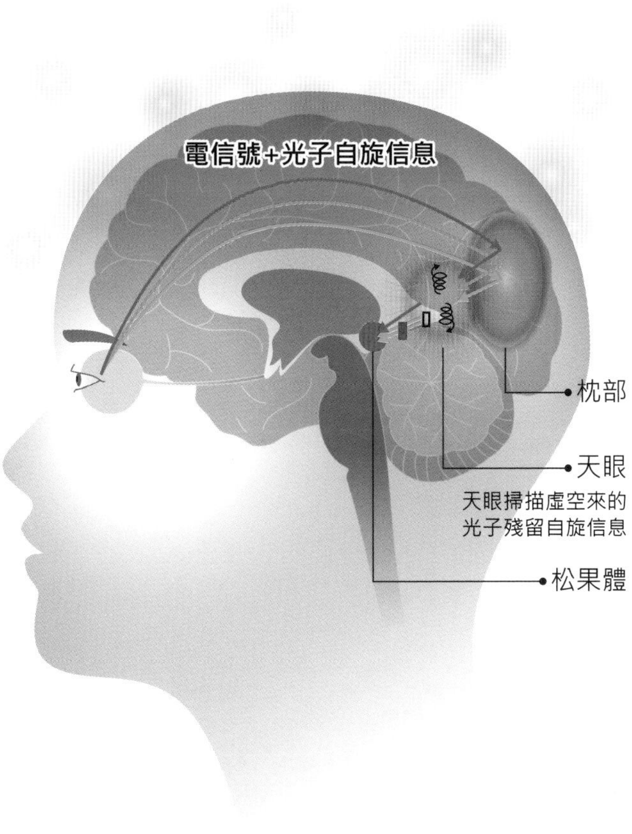

虛空中，不同撓率的自旋會被覺知成不同的顏色，意識中樞（松果體）真正在解讀的是自旋撓場殘留信息，才能感知顏色的存在。

我認為天眼是腦內生理食鹽水溶液在大腦後扣帶皮層（PCC）的局部地區進入了宏觀量子狀態，天眼遮住了正常視覺的信號，包括了雙眼所送入的神經電信號及其所攜帶的自旋殘留信息。而這時天眼所生成的複數量子波，則藉由分子自旋通道進入虛數空間，掃描紙上文字的虛像結構。

因此，彩色的字，如二一一頁圖4-5（b）紙張中紅色的數字46，在實數空間由於其紅色色素分子不斷地吸收及放出紅色的光子（自旋為1）。每當放出一個自旋為-1的光子（色素分子自己的自旋會從+1/2變為-1/2），就會留下一個自旋為+1的殘留信息跨越陰陽界，留在色素分子附近，因此色素分子附近布滿了紅色光子的自旋撓場殘留信息，此自旋劃破時空仍然可與虛空溝通。

由於實驗時會把折疊的紙張放入暗袋，此時光子已經消失，只剩下自旋殘留信息能和虛空溝通，因此天眼量子波掃描虛空字形時，首先會把殘留顏色自旋信息掃回天眼，因為實數時空中沒有物質（光子已消失）可以羈絆住它，因此天眼第一次打開時，會出現一片單一顏色，或不同顏色排列在一個畫面上，如第二章圖2-6所示（請見八十七頁）。有時一次掃回一種顏色，要開天眼幾次，才把所有不同的顏色掃描傳回。接著，才把字彙形狀的時空結構信息一部分、一部分地掃描傳回，而自旋顏色信息開始排列對應於形狀信息的位置。

此時倘若正常眼睛沒有看到亮光，天眼的字形是黯淡無色的。正常眼睛看到的亮光中所攜帶的大量、不同顏色的自旋撓場殘留信息經過天眼送往松果體被覺知時，會被天眼擋住無法通過。這時神奇的事情發生了，也就是**天眼從摺疊紙張掃回的自旋信息，如果與正常眼睛看到亮光所送往松果體的自旋殘留信息頻率相同者會產生共振反應**。

例如外界景象中，紅色亮光自旋信息在天眼部位碰到紙上殘留的紅光自旋信息，就會產生強烈共振，而可以通過天眼，讓松果體的覺知看見一片紅光；如果紙上有洞，天眼在此區域沒有任何被掃描回來的色光殘留信息，則正常雙眼看到的亮光信息會被天眼擋住，而不會產生任何共振而通過，則松果體覺知部位只會看到一個黑洞。

當手指識字辨識神聖字彙時，如「佛」、「觀音菩薩」、「耶穌」、「藥師佛」、「彌勒佛」等，其虛像已經被這些神聖人物在虛空的意識所修改成大圓、多排小圓、十字架等不同結構，與神靈網站的首頁一致。由於這些字彙的虛像已經被神靈改變，因此手指識字時，天眼掃描虛像時，看不見字彙，而是看到被改變的影像如圓形亮光、亮人，或是影像所聯通的神靈網站的首頁，或其他虛空的世界。

念力的運作機制

根據我們與高功能人士做念力實驗的結果，可以得出下面一些規律：

規律1

念力成功的要件是要先把準備施作的物體信息調入天眼。例如做花生起死回生、返生發芽實驗，先要把花生虛像信息調入天眼。此時花生意識出現，要徵詢它的意見是否同意做實驗，如果花生同意就可以發出「返生」指令，花生內部分子就開始逆時針旋轉，由外向內，直到轉入中心，花生就返生了。接著下令「發芽」，花生內部分子就開始順時針旋轉由內而外，花生的芽就逐漸長出，長好以後再把天眼中的虛像送回實像的花生，讓花生真的能發芽。

規律2

用念力彎曲或剪斷鐵絲、火柴，或在火柴上寫字時，都要利用工具，這些工具可以在天眼中用意念創造出來，再把完成的作品送回實物，則實物就開始變化，如第二章圖2-20所示（請見一一七頁）。雲南大學朱念麟教授所訓練的小朋友，把火柴封在不透明的塑膠盒，天眼把火柴虛像掃描入大腦，然後想像出一把剪刀，用剪刀把火柴剪成五到六段，再把天眼中剪斷火柴的影像送回盒中的火柴，等到實驗完成打開盒子，火柴果然已經被剪成五到六段。

同樣的是，天眼是先把物體虛像掃回大腦，物體虛像表示意識，當物體意識被喚醒，會進入心物合一狀態。這些心物合一的物體可以被意念在虛數時空做遠距傳送，叫做搬運功能，也可以被操作變化成各種不同型態。當功能人把物體虛像操作變化後送回實物，也就是心物合一狀態崩潰回復物質狀態，此時實物就會逐漸變化成天眼操作後的結果狀態。

所有實物，都有通往虛數時空的通道

所有在實數空間的物體由於都是由原子構成，原子中每一個基本粒子都有自旋，都有通往虛數時空的通道，因此在虛數時空中都會出現一個虛像，是自旋通道在虛空出口的組合，形狀與實物是完全一樣。因此「一物兩象」代表任何一個實數時空的物體在實虛兩空間都有一個形狀一樣的結構。虛空中的能量形式，如果不包含自旋通道，無法與實數空間溝通，則不會產生實像，是屬於暗質及意識的純能量。但如含有自旋時空結構，其通道出口則會在實數時空形成一個沒有物質存在的影像（鬼影）而已。字彙及物體虛空的結構在手指識字及念力的作用上扮演了重要的地位。我們提出手指識字及念力的可能機制，可以解釋宇宙中尺度的人體內所出現的特異功能謎團。

第五章

心靈與意識的科學奧祕

每個人都有「自我意識」，

每天睡覺時「我」就不見了，

每天早上醒來時，「我」又回來了，

好像沒有太大的改變，

這個「我」的物理現象是什麼？

探索科學的最後疆界——意識

每一個人都有自我的意識：「我」是和別人不一樣的，每天睡覺的時候，「我」就不見了，但是每天早上醒來，「我」又回來了，好像沒有太大的改變，這個「我」的物理本質到底是什麼呢？

在唯物論的哲學籠罩在現代科學對宇宙解釋的陰影之下，物理學家或者醫師們對大腦心靈的物理解釋都是敬而遠之，認為意識是第二性的，只是第一性的物質裡的大腦複雜神經網路所湧現的性質，並不具有獨立性。比如：兩個氫原子和一個氧原子化合成水分子，水是生命所需，但是其物理化學特性如沸點、凝固點、介質常數與氫原子或氧原子完全不一樣，是複雜的三原子合成系統所湧現出來的新性質。而意識又比化學反應更複雜了，因此不屬於物理研究的範疇。所以當人死了以後，當物質大腦毀壞了，意識也就消失了。因此科學家總是推託地說：意識是科學的最後疆界（The last frontier of science），而不去處理。因此在一九九〇年以前，心靈與意識是屬於心理學及哲學的研究範疇。

二十世紀初期，著名的心理學家榮格（Carl Gustav Jung）認為意識的核心是自我人格（Ego），並分成兩種。第一人格就是靈魂，掌管五官的感覺、個性、七情六慾；第二人格為第六識，會受到教育、環境、文化及記憶的影響。佛教兩千年來的唯識學就在分析大腦意識的結構，把它分成八識：包括色身香味觸法六識、第七識莫那識及第八識阿賴耶識。

意識的物理詮釋

一九九四年起，意識的物理開始萌芽，英國的物理學家羅傑・潘若斯（Roger Penrose）與美國亞歷桑納大學的骨科醫師史都爾特・漢默若夫（Stuart Hameroff）共同提出意識的物理，認為意識的基礎不在神經活動電位上，而是發生在神經元內擔任骨架功能之微管束（microtubule）的物質進入有序的量子狀態。

腦神經細胞壁是由許多可形成量子穿隧效應[1]的微管束組成，當感官受到刺激輸入時，便會產生有序的量子狀態，而且是不同量子狀態的疊加態（superposition state）[2]。當時間流逝，外在環境如重力會影響這些量子態之演化。不同狀態之物質由於分布於不同時空，所以會導致引力能量差E，等於兩狀態的時空間隔S（物理常數如光速、萬有引力常數令其為1），則疊加狀態會崩潰顯現唯一確定的狀態，意識就在客觀縮陷（Objective Reduction，簡稱OR）時產生。也就是當量子態擴散到重力之變化滿足某些策畫的條件下（orchestrated），宏觀的量子波會客觀地陷縮（Orchestrated Objective Reduction），簡稱為客觀縮陷機制（Orch OR）。

在宏觀量子態崩潰的一瞬間，大腦的意識就產生了，接著小部分的微管束又開始進入量子態，意識就逐漸消失了，等待下一次的客觀縮陷機制再產生新的意識。因此大腦的念頭是一波接一波，周而復始。

我認為他們的模型已經接近意識的本質，不過相反的是，意識的產生是形成疊加的量子狀態時產生，客觀縮陷時消失。

因為疊加的量子狀態是複數狀態，這時虛數意識可掃描進入量子狀態的神經網路架構，產生意識的內容如：記憶、思想、判斷、行動。有時埋藏在神經網路的經驗會產生抑制力，讓我們不要衝動，或給予建議、限制行動。有時量子波會鑽入虛空，讓我們在遨遊宇宙時空時獲得靈感，產生創新的思想。並在量子波客觀縮陷以後，又恢復實數空間運作，等待下一次微管束的有序量子狀態出現，也就是意識的出現。

這個模型經過二十多年的推展及實驗的探討，有越來越多的學者開始接受這個模型，當然也有一些反對的學者，比如紐約大學的哲學家戴維斯・喬莫斯（Davis Chalmers）。在二〇一八年四月於美國亞歷桑納州土桑市舉辦的「二〇一八意識的科學」（2018 The Science of Consciousness）會議上，他以簡單的邏輯挑戰客觀縮陷的機制，認為它用來解釋意識並不完備、需要修正。

我的意識理論萌芽於二〇一三年，如本書第一章所描述（請見三十六頁）。二〇一四年，我提出真實宇宙的兩大假設，其中第二個假設是量子心靈，認為意識是一個量子現象，可以用複數函數來描述，虛數i的出現，表示意識出現了，所以我非常支持潘若斯及漢默若夫的假說——認為神經微管束會進入量子態，這也許是我提出量子心靈的生理基礎。

只是我的理論認為物質在量子態才會產生意識，但是量子態的崩潰造成客觀縮陷機制反而會導致意識消失，而不是產生意識。因此當我在二〇一八年四月「意識的科學」大會上聽到哲學家喬莫斯對客觀縮陷機制的批評，非常興奮，會後寫了一封信給喬莫斯教授表達支持，並投稿了一篇論文。

不過意識只是一個抽象的概念，必須要有內容，比如說我會生氣罵人、我懂慈悲愛人、我會理性思考、會計算、能記憶起以前發生的事情、決定下一步的行動，我個性倔強孤僻等等，都有其豐富的內涵，問題是這些意識的內容在物理上是以什麼方式呈現？用複數波函數可以表達這些內容嗎？榮格的第一、第二人格，佛教的八識如何以量子心靈的方式來呈現呢？且讓我們先回顧一下哲學及心理學對意識的詮釋。

編註1

量子穿隧（Quantum Tunnelling Effect）

根據量子力學，微觀粒子具有波的性質，如電子等微觀粒子能夠穿過本來無法通過的「牆壁」的現象。

編註2

量子疊加（Superposition State）

量子力學認為微觀事物的運動和狀態均是不確定的，如果將其推廣到宏觀世界，各種不確定的事物均可以被認為是處在多種狀態的疊加狀態。

西方哲學對意識的認知

西方心靈哲學的概念是從笛卡兒（René Descartes）的心物二元論（Mind-Brain Dualism）開始。

笛卡兒本人多才多藝，他出生於十六世紀末的一五九六年，去世於一六五〇年，是法國著名哲學家、數學家、物理學家。他對現代數學的發展做出了重要的貢獻，因將幾何座標體系公式化，而被認為是解析幾何之父；他留下名言：「我思故我在」，提出了「普遍懷疑」的主張，是西方現代哲學的奠基人，他的哲學思想深深影響了之後幾代的歐洲人，開拓了理性主義哲學。

笛卡兒主張心與物為兩種不同的實體。「心」指的是一種思維的主體，也就是藏在大腦的松果體中的「靈魂」，掌控日常生活中的思想、記憶、行動、情感等；「物」指的是日常接觸到的一切占有空間、有形的外在事務，包含大腦。

但是此種說法很難解釋心物的交互作用，比如心會影響身，可指揮行動，內心憂鬱會導致身體的疾病。在這樣的架構下，為了解決心會影響身的矛盾，又發展出心物同一論（Main-Body Identity Theory），認為心是大腦所產生的東西，因此本為同一種東西，但是又很難把心化約成大腦，比如愛、恨、思想、個性、要如何分解成神經網路的放電行為。

為解答這些疑難，有人認為心物雖然都來自於物質，但有完全不同且無法化約的性質，因此發展出性質二元論（Property Dualism）。更極端的則是發展出唯物論（Materialism），認為大腦才是實體、為第一性的，心靈是大腦複雜系統所衍生出的現象、為第二性的、不具根本性，人死了、大腦消失了，自然意識也就消失了；或唯心論（Idealism），認為心才是實體意識、是第一性的，物質是心靈造成的成品。只是唯心論很快就受到現實世界的檢視，你心中想要一個蘋果，當然不會無中生有出現一個蘋果，純粹的唯心論在物質世界中顯然是講不通的。當然，後來物質科學的發展逐漸把唯物論推上了哲學的高峰，似乎成為詮釋這個宇宙的最高指導原則。

西方心理學對心靈的認知

現代科學對意識的探討研究以二十世紀初心理學家榮格（Carl Gustav Jung）最為深入。他的博士論文是研究他會通靈的表妹，中老年後他自己也曾發生過通靈的體驗，因此他對靈界或集體潛意識有特殊的感情。他所描繪人類心靈的廣大內在世界，被譽為發現心靈世界的哥倫布。

就莫瑞．史坦（Murray Stein）所著《榮格心靈地圖》（Jung's Map of the Soul）所描述，人類意識中首要特徵就是「自我」（Ego），意識是醒覺的狀態，它的中心就是「我」，它是進入我們稱之為心靈的遼闊內在領域的入口。

榮格在他的作品《基督教時代》（Aion）對自我的定義如下：「它彷彿是構成意識場域的中心，就它構成經驗人格這個事實而言，自我是所有個人意識作為的主體」。

自我指涉的是，個人擁有一個展現意志、慾求、反思和行動中心的經驗。心靈的內容與自我的關係形成了意識的標準。自我是代表心靈內容的主體，是一面心靈能自見自覺的鏡子，心靈內容如感情、思想、知覺或幻想被自我掌握和反映出來的程度，就是它被意識到、歸屬於意識的程度。

意識之外的無意識不只是未知的事物，它更是「心靈層面的未知」，它一旦浮出意識，便與已知的心靈內容沒有什麼不同。**無意識包含所有意識外的心靈內容，自我是意識的特殊內容，也就是意識是比較寬廣的範圍，所含的內容不只自我而已**。

意識就是覺識，是一種清醒的狀態，一種觀察、紀錄周遭和內在活動的狀態。意識的內容如思想、記憶、情緒、熟悉的意象、人物與臉孔，事實上比意識本身更虛幻脆弱。比如一個人雖有意識，但是可能完全喪失記憶，意識就像一個房間，圍繞著暫時停駐其中的心靈內容。意識先於自我，自我則變成它的終極中心。

一號人格與二號人格

自我基本上不是由意識習得的內容，它一直是現成的、與生俱來的、不是滋養、成長或學習下所發展的產物，每個嬰兒生下來就具有了，否則就是先天盲、先天聾或智障。

榮格對心靈的描述，認為在許多不同的意識內容之間，有一個連絡的網路，它們都直接或間接地連結不同意識內容到自我這個中央機體上。

自我是決策及自由意志所在，它根據意識內容去安排優先順序，產生行動。

當人類的自我與意識發展到一定階段後，就逐漸由個人成長與教育的文化世界來定義塑造。這是一層環繞中央自我的自我結構，透過家族成員的互動與學校教育，小孩會逐漸融入文化之中，並學習它的形式與習慣，這層自我也就變得愈來愈厚。榮格稱自我的這兩項特徵為「一號人格」與「二號人格」。

一號人格是天生的核心自我，比較靜默，類似於道家所描述的「元神」，或是一般所稱的「靈魂」。具有視覺、聽覺、嗅覺、味覺、觸覺五種基本覺知能力，以及個性、感情如七情六慾，也可控制身體簡單的活動，像剛出生的嬰兒所具有的能力。

現代的心理學把一號人格稱之為「能知覺的」或「非凡的」意識（Phenomenal Consciousness）。一號人格比較是直覺的、有喜怒哀樂的、感性的、藝術性的，能總覽全局，一號人格像是右腦的功能。

而二號人格的自我是大腦透過學習架構出來的。藉著大腦神經網路的生長與外界互動回饋，導致新的連結，產生對各種內在思想的覺知、記憶，並會隨著時間演變。從出生到成長過程中經由文化、親人、學校及環境所學習到的自我層次，比較活躍外放，是一號人格自我執行身體功能的一部分。二號人格無時無刻都在處裡日常生活的現實如各種紛亂的思緒、記憶、解決問題、產生行動，類似於道家所描述的「識神」，逐漸裹著第一人格變為厚實。既計畫未來也煩惱未來，追悔過去。二號人格的日常心靈會不斷地判斷、設想、記憶、回顧過去、受到各種文化、環境、規範所控制，以及對社會的配合等等，像是左腦的功能。現代心理學把它稱作「可接近」的意識（Access Consciousness），像電腦一樣有邏輯程序可循。

自我意識是心靈的表層，會受到個人與外在環境撞擊產生的干擾，以及情緒反應所制約。但是還有許多干擾因素不是外在的，而是內生的衝擊，也就是「無意識」或「潛意識」的干擾。無意識分成個人無意識及集體無意識，在個人無意識中充滿了各式各樣的情結。也許與前世的經驗有關，經過催眠回溯可以浮現於意識中。集體無意識或本我（Self）是榮格有過通靈經驗後逐步發展出來的理論架構。

佛教唯識學對意識的認知

佛教經典《雜阿含經》提出六根、六塵及六識的概念來理解意識。

六根是眼睛、耳朵、鼻子、舌頭、身體、大腦，也就是六種覺知所使用的感官；六塵是六種感官接受到的物理及生理信號，如顏色（色塵）、聲音（聲塵）、香氣（香塵）、味道（味塵）、壓力溫度（觸塵）等，而產生六種意識，也意謂著由大腦來解讀這些信號所產生的覺知。

法塵則由意根（大腦）來互動後產生，所以法塵即為前五種感官與前五種塵境，互動後產生的五種經驗（佛教稱之為「識」）。再經大腦整合後，產生的認知（為意識，或稱為第六識）。因為各人長久以來經驗習性認知的不同，使得遭遇同一情境，卻每人個個感受不同。

唯識論認為心與物都不是唯一的實體，這個世界既不是唯物的、也不是唯心的。但也不是心與物皆為實體的二元論。唯識論認為這個世界唯一的實體是「阿賴耶識」，心靈及物都是由「阿賴耶識」所創造出來的，所以心與物是對等的，物並不比心更基礎。但是「阿賴耶識」是否是一個純粹的意識，如果答案是「是」的話，那就與唯心論沒有分別，因此「阿賴耶識」是一種心物合一的狀態，既非心亦非物。

意識的物理

我在第一章所提出的量子心靈模型如何用來解釋這些哲學與心理學的歷史上所架構出來的框架呢？

我認為意識在大腦裡是一個量子現象，就像神經微管束耦合[1]進入宏觀的量子狀態，可以用複數函數來描述。虛數i的出現，表示意識出現了，但問題是意識只是一個抽象的概念，實際上意識具有豐富的內容，比如說我會做邏輯性、理性思考、計算數學、記憶起以前發生的事情、決定下一步的行動，我個性倔強孤僻等等，都有豐富的內涵，這些內容在物理上是以什麼方式呈現？複數波函數可以表達這些內容嗎？

二〇一四年，有一天我在仔細觀察複數波函數$\Psi(\vec{r},t)$在描述粒子在位置r及時間t的行為時，突然出現一個疑問：實數部分的函數R及虛數部分的函數Im到底在意識上扮演什麼角色？

$$\Psi(\vec{r},t) = R(\vec{r},t) + i\,Im(\vec{r},t)$$

由量子力學的哥本哈根詮釋來看R^2+Im^2，代表粒子出現的機率，也就是粒子在實數空間出現機率的幾何分布，似乎這個在實數空間的幾何分布代表了意識的內容，也就是實數部分所導致的時空形變（彎曲或扭曲的幾何結構）就是心靈的內容，虛數抽象意識掃描形變的實數時空形成的心物合一的複數量子狀態就形成心靈的內容。神奇的是決定物體空間幾何分布的是廣義相對論，虛數的意識來自量子力學，所以結合量子力學與廣義相對論的時空結構後所描述的物理現象竟然就是意識的內涵，原來科學的最後疆界就是在於結合廣義相對論及量子力學。

如何解釋第一人格與第二人格？

每個人的自我意識（Ego）也就是第一人格是與生俱來的，可以稱之為靈魂。它似乎與虛數時空的神靈一樣，是量子心靈的虛數部分，沒有實數物質的部分，所以在實數世界看不見、摸不著也量不到，但是靈魂仍有複雜的內涵，比如個性、嗜好、愛憎、慾望等等很多是與生俱來的。

我認為量子的靈魂實數部分並非由有質量的物質所構成，而是由許多微小的自旋渦漩時空組成的大型複雜時空幾何結構，這個自旋時空結構被虛數意識掃描而產生個性、嗜好、愛憎等心靈內容。比如，**一個人性格非常固執不會轉彎抹角，因為他的靈魂實數部分的自旋時空結構就像一棵松樹不容易彎曲；一個人個性圓滑懂得隨環境而變來變去，因為他靈魂的實數部分就像一棵柳樹可以隨風而倒**。這一部分其實也是佛教第七識莫那識（我識）的物理本質，莫那識躲藏在靈魂當中占了一個角落，隨著靈魂而輪迴轉世，也屬於潛意識的一環。

五官的感覺如視覺、聽覺、嗅覺、味覺、觸覺，是靈魂覺知的天生本能，不是可以學習而獲得的技能，因此被稱作「可覺知」或「非凡的」意識，嬰孩一出生就具有這些能力，否則就是天生盲、天生聾等天生的缺陷。

這五種感覺到底怎麼運作的，現代神經生理學有詳盡的解剖及神經生理的推論。但是就像第四章所討論的手指識字現象，為了解釋神奇的手指識字現象，我們發現正常的雙眼視覺其實包含了兩個信號，一個是神經生理學所描述的神經電信號，但是不提供靈魂覺知的信息；其主要功能是負責運送另一個產生視覺的真正信號：光子被視網膜視紫質分子吸收而消失後殘留的自旋撓場信息，撓場旋度決定靈魂看到的顏色。通常波長是在可見光範圍，在四百五十到七百五十奈米之間，而自旋信息的空間分布決定了文字或圖案的形狀。

同理，嗅覺及味覺也是鼻子及舌頭上受體分子向大腦傳送了兩種信號，一個是神經電信號，攜帶另外一個信號是造成味道分子的某個重要分子鍵振動的光子殘留自旋撓場信息，波長屬於紅外線可測到的三到十微米範圍。

聽覺是耳朵的耳蝸內髮毛（Hair Cell）細胞向大腦傳送了兩種信號，除了內髮毛（Inner Hair Cell）傳送的神經電信號以外，它也攜帶了第二種信號——是外髮毛（Outer Hair Cell）內的馬達蛋白分子（Prestin）高速機械伸縮運動所造成的時空扭曲信號。所以，靈魂聽到的聲音曲調來自後者，而非神經電信號。

觸覺信號也來自兩個管道，一快一慢。快的是神經電信號的傳遞，例如真皮內A-β、A-δ、C神經可以感覺溫度的高低；毛囊、莫克爾細胞則可以感知觸覺及壓力的大小。

痛覺由粗神經傳導，被脊椎內痛覺閥控制。但是由幻肢痛的研究發現，一個被截肢的病人在已經沒有肢體的部位仍然會感受到劇痛。一般正統醫學相信，這是大腦中樞神經系統感覺到神經信號因傳遞到不存在的肢體對應部位不順暢而導致的疼痛。但是幻肢痛可以用紅外線照射處理，並讓不存在的肢體其劇痛部位而獲得緩解。實際上，劇痛部位根本沒有神經存在，結果用紅外線照射這些部位竟然可以舒緩疼痛。這讓我們了解到，痛覺有另外一個傳遞的管道，但是速度很慢，這個管道就是人體的經絡體系。如果經絡產生時空結構扭曲會導致慢性疼痛，其關鍵是人體二十四小時的節律所產生的「子午流注」現象所傳遞的信息，這個信息在中醫稱做「氣」；在十二經絡巡行每兩小時走一經絡時，把經絡扭曲不順暢的信息帶入大腦靈魂，而感覺到疼痛。

我在《科學氣功》一書第五章有詳細介紹「南氏去過敏療法」，一天二十四小時可以去除過敏，就是用到「子午流注」氣行經絡的現象。

由這些分析我們知道：**第一人格靈魂是一團量子意識，以虛數成分為主，實數部分充滿了各種自旋殘留信息所組成的幾何結構，代表個性、七情六慾、五官所送進來不同的旋度自旋信息，它會產生視覺、嗅覺、味覺，扭曲震動的時空結構，讓我們產生痛覺或聽覺。**靈魂在嬰孩時學習操控各種神經系統，其介面叫做「魄」。等技術純熟後，魄落入潛意識，不再進入底下所討論的第二人格（第六識）的範圍，比如操控自主神經體系的交感及副交感神經，就不再是由第六識所能控制。

榮格的第二人格以佛教唯識論來說，就是第六識是學習得來的，大腦的神經網路連結隨著時間從文化、教育、環境學習到的經驗刺激逐漸增加或修改網路而變得越來越複雜，大量的記憶、邏輯、知識經驗均埋藏在網路之中。每當外界對五官的刺激送入大腦，大腦開始理解思考與經驗對比做出判斷、付諸行動，這時大腦神經放電所形成的網路形成一個三度空間的幾何架構。因此，網路中大量微管束形成的宏觀量子心靈經過掃描這個複雜的三度空間幾何架構，而產生了判斷、行動，這就是第六識的物理及生理基礎。讀者正在讀這本書用到的記憶、邏輯及判斷也大部分是大腦內的第六識所掌控。

如何解釋潛意識、莫那識、阿賴耶識與天眼？

意識之外的潛意識或無意識不只是未知的事物，它更是「心靈層面的未知」，它一旦浮出意識，便與已知的心靈內容沒有什麼不同，無意識包含了所有意識外的心靈內容。一般而言，剛出生的嬰孩靈魂必須學習處理掌握與生存有關的所有的神經系統，例如：餓的時候或不舒服的時候要哭、要表達出來引起大人的注意，才能解決切身的問題；慢慢的長大以後，要學習站立、走路、操作玩具、要學習發音說話、了解別人的意思、行為要被矯正。當靈魂要學習的、要掌控的事情越來越複雜、越多元，最有效率的做法是將靈魂劃分成不同部門而分工。某一小塊掌控四肢平衡與動作神經系統、某一小塊掌握語言發音神經系統、某一小塊掌控邏輯演算與認知。靈魂與不同功能的神經系統之間，必然形成了多個有效率的介面，我把這個介面叫做「魄」，也就是中國道家所稱的「魂魄」是也。一旦「魄」的操控自如達到純熟，就從意識落入潛意識，不再受到意識的關注，以減輕靈魂的負擔。

比如騎自行車，一旦學會如何平衡身體，就一輩子不需要再關注這件事，一上自行車就可以騎了。潛意識可以自動平衡身體，操控腳踏踏板行進；開車也是一樣，有時一邊開車還可以做其他事，但分神很危險最好不要做，這也表示如果小時候的生活習慣不好，一旦落入潛意識要再改就困難了。

潛意識裡最神奇的是第七識莫那識，是一個人個性的根源，來自前世的經驗，要經過催眠或花精療法才能引發出這些經驗與情緒。其物理的基礎是落在量子靈魂的實數部分自旋撓場的幾何空間結構上。若這個人個性很扭捏，表示這個幾何結構坑坑凹凹，不平滑也不漂亮。

佛教常說人身難得，勸人要利用人身來修行，應該就是要利用修行反饋去修改量子靈魂的實數部分幾何結構，修成漂亮圓滑的幾何圖形跳出輪迴。

之前曾提到特異功能要能成功的必要條件是大腦要開天眼。天眼既非第一人格的靈魂，也非第二人格的第六識，它是第三眼，屬於另外一種量子現象，我相信它是大腦某部分的生理食鹽水因刺激而進入的宏觀量子狀態，如第一章所說明。

天眼一旦形成，就可穿隧進入虛數時空，遨遊有形及無形界，把虛空的景象帶回來給靈魂看。因此若把唯識論的第八識「阿賴耶識」當作量子的複數心靈，也就是靈魂加上天眼，則一切心靈哲學所面對的心物二元論或一元論所產生的矛盾都能迎刃而解。

複數量子心靈既有「物」的成分（實數），也有「意識」的部分（虛數），兩者合作構成心靈的內容。當物質進入物質波的量子狀態，物質的虛數意識被喚醒進入心物合一的狀態，也就是「阿賴耶識」的狀態時，心與物是對等的，物並不比心更基本，當量子波塌陷又回到物質的狀態，心靈收斂隱晦而消失，變成一個純粹的物體。

故唯心論的「一切為心造」只發生在充滿意識的虛數時空，實數物質世界是一個唯物論的世界，只有物體進入量子態，發生心物合一現象時，心靈才會出現。

圖5-1　心靈的結構

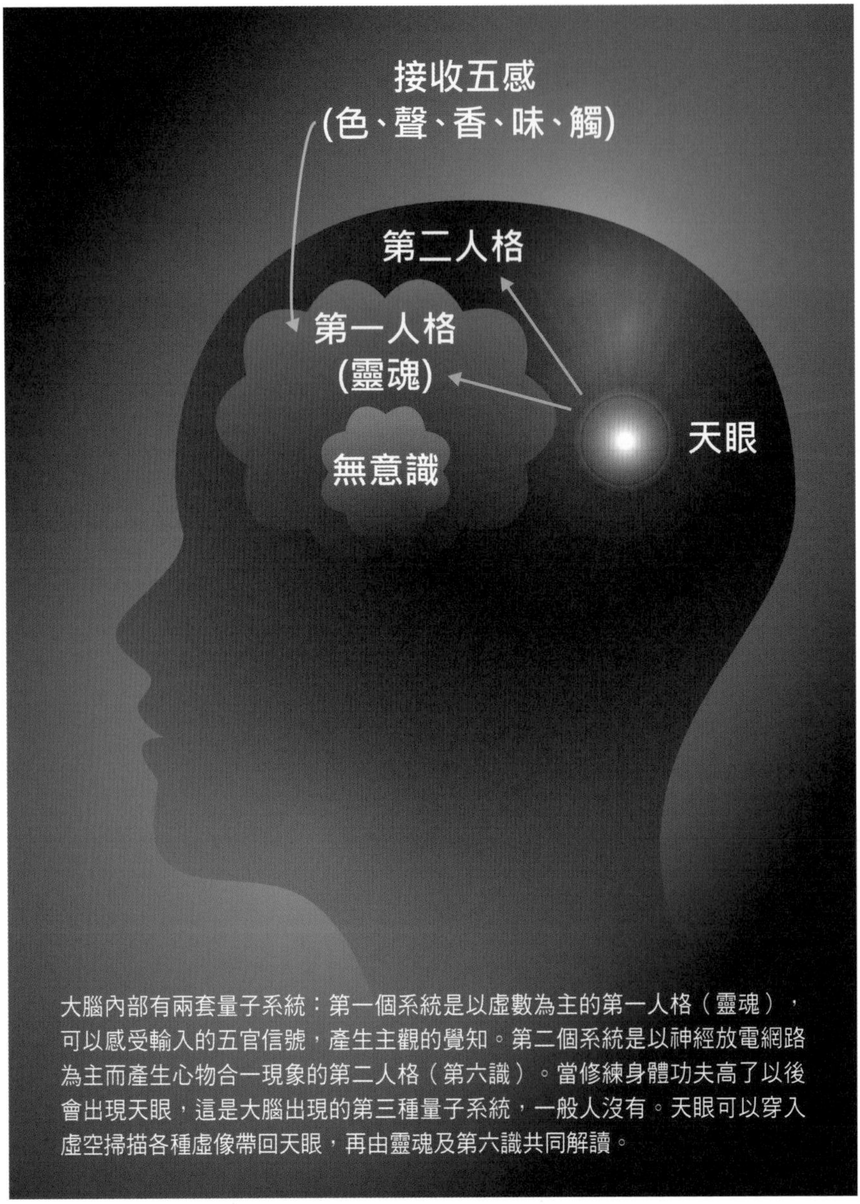

大腦內部有兩套量子系統：第一個系統是以虛數為主的第一人格（靈魂），可以感受輸入的五官信號，產生主觀的覺知。第二個系統是以神經放電網路為主而產生心物合一現象的第二人格（第六識）。當修練身體功夫高了以後會出現天眼，這是大腦出現的第三種量子系統，一般人沒有。天眼可以穿入虛空掃描各種虛像帶回天眼，再由靈魂及第六識共同解讀。

整個大腦心靈的結構，如上頁圖5-1所示。

因此我們大腦內部一般有兩套量子系統：第一個系統是以虛數為主的第一人格（靈魂），可以感受輸入的五官信號，產生主觀的覺知，七情六慾，可以掃描內部的各種殘留自旋幾何結構，展現個性。第二個系統是以神經放電網路為主、能產生心物合一現象的第二人格（第六識）。當修練身體功夫高了以後會出現天眼，這是大腦出現的第三種量子系統，一般人沒有。天眼可以穿入虛空，掃描各種虛像帶回天眼螢幕，再由靈魂及第六識共同協調解讀。

從第二章圖2-7（請見九十一頁）所顯示的手指識字結果可以看出，樣本上大寫的紅色英文字彙如「HAPPY」其虛像被天眼掃描回去之後，靈魂看到顏色為紅色。第六識則根據過往學習的經驗，把第一個英文字母保留為大寫的H，但是第二個以後的英文字母則改成小寫，結果看成紅色的「Happy」。

編註1

耦合（coupling）

在物理學中，指兩個或兩個以上的體系或兩種運動形式間，通過相互作用而彼此影響以至聯合的現象。

催眠術或催眠療法所顯示的心靈結構

催眠術是由會催眠的施術者藉由語言暗示或手段誘喚受術者的精神，呈現一種特殊的狀態。這時受術者消除了普通狀態下種種自發雜亂的思緒，心境呈現一種寂靜狀態。此時如果施術者發出種種暗示，受術者會毫不猶豫忠實地執行，而出現種種被催眠的現象。

施術者所給予受術者的暗示，不只能一時影響受術者的精神和身體；待受試者清醒後，或醒後若干時日，還是會受到暗示力量的影響。因此，催眠療法被一些精神科醫師用來治療精神疾病，例如美國魏斯醫生（Brian L. Weiss）的《前世今生：生命輪迴的前世療法》及臺灣陳勝英醫生的《與靈對話：前世今生、夢境與潛意識的奧祕》，就是利用催眠帶領病人回到前世，了解今生問題產生的根源，而使病情獲得紓解。

催眠，喚醒的是第一人格（靈魂）

催眠的原理有許多種理論，其中比較重要的是「第二人格說（潛在精神說）」。也就是運用榮格的理論，認為人除了第一人格（靈魂）外，還有第二人格（第六識）。第六識負責處理平日紛亂的思緒、解決問題、付諸行動等精神活動，催眠把第六識催入睡眠狀態，讓第一人格（靈魂）開始發揮作用，控制身體活動。由於第一人格負責五官的覺知，可以直接接受施術者下的語言指令，要求身體做出各種簡單反應動作，像嬰兒一樣，但是不得醒來，只有當施術者下令醒來時，受術者才會醒來。醒來以後，受術者的第六識會完全不記得指令及身體活動，有時候在語言暗示下，甚至能產生遙視、遙感等特異功能，如果施術者要求其記得整個過程，醒來後就會記得遙視、遙感的內容。

這些催眠現象顯示與生俱來的第一人格（靈魂）中隱藏了前世的記憶與經驗，不會被第六識知曉，一般日常生活狀態下不會出現在第六識的精神意識中，催眠者的暗示也躲在靈魂中，控制著第六識而不被其知曉。**睡覺時第六識的精神意識消失，讓第一人格靈魂開始活動，所以做夢時也許會出現這些前世的記憶**。但是有些前世的創傷經驗會逐漸引發身體或精神產生類似的問題。這些隱藏的記憶與經驗很可能就是無意識的範疇，或無意識中所謂的「情結」。第六識從我們出生開始累積，隨著文化教育、各種環境或情緒衝擊而逐漸厚實。我們每天在處理的思緒、活動、情感、衝突等等，主要是靠第六識（相當於人體的執行長），第一人格的靈魂則隱身幕後（人體的董事長），只有碰到重大決策問題，才出面與第六識共同處理。第六識完全不知道躲在第一人格裡的「無意識」的存在，但是他下很多決定時，卻受到無意識的干擾，或間接經由第一人格靈魂的指揮。

催眠師利用語言暗示，讓受術者安靜下來，集中精神去壓抑其他思緒感覺，放鬆全身肌肉，也就是減少大腦紛亂的量子場不斷產生及崩潰過程，讓第六識的精神意識從緊張狀態鬆懈下來，進入休息入眠狀態，但又沒有真正的睡著，聽覺還保持清醒，但這時是由第一人格靈魂掌控全局。

前世今生療法就是催眠師用語言帶著受術者的心靈時間倒流，由現在逐步回溯到嬰兒、甚至媽媽的子宮內，此層意識是包裹著無意識中前世的記憶及經驗，因此心靈再往前回溯，就可以回到前世找出問題，獲得解答來調整無意識的結構而解決病症。

五官感覺，可由靈魂感知

五官感覺是可以直接與靈魂溝通的工具，所以我們常說「眼睛是靈魂之窗」，意謂著平常將五種感覺器官所接收到的「色生香味觸」五種覺知經由靈魂來解讀。啟動特異功能時，當功能人的天眼一開，會把正常視覺信號擋住，此時靈魂開始利用天眼進入虛空，掃描虛像帶回天眼由靈魂解讀。用腦造影技術（fMRI）可以看到功能人天眼打開時，聽覺部位活化，可以聽到虛空的聲音。

我相信當催眠受術者進入催眠狀態時，第六識會被關掉，靈魂可直接經過聽覺與施術者溝通，但不像第六識會根據大腦網路所儲存的經驗，會邏輯思考而反駁、會反抗。靈魂沒有反抗意識，會完全接受命令。靈魂可以直接控制身體，做出催眠師所要求的簡單動作，接受施術者的暗示，而在第六識甦醒以後，還會干擾他的理性思考與判斷。

真正的覺知，來自靈魂

我們從分析五官的覺知經驗與手指識字的物理機制中發現，五官各送出了一實一虛兩個信號進入大腦，一個是實數的神經電脈衝信號，也就是現代神經生理學所描述的以為是產生覺知的信號。實際上神經脈衝信號與覺知沒有直接關係，只是扮演載體的作用，把另外一個遊走於陰陽介面的自旋撓場殘留信息帶到靈魂，由靈魂來覺知五官的感覺。

在複數時空的架構下，現代神經生理學只告訴了我們一半的故事，只有物質世界的故事，而另外一半的故事才是導致真正覺知的機制，卻是摸不著、看不見地發生在另外一個虛空與實空交界的介面上。

第六章

星際通信新科技——尋找外星人

外星先進文明科技領先地球的關鍵，

是外星人掌握了意識的物理，

能夠製造仿照天眼的儀器，

自由進出虛數空間遨遊宇宙，同時創造出瞬間科技。

人類未來學習的典範，就在天上無數的外星先進文明中。

尋找外星智慧計畫

外星文明是否存在，是每一個地球人心目中存在的疑問。銀河系有上千億的恆星，有為數更多的行星，要說銀河只有地球是唯一有生命存在的行星，沒有其他演化的生命存在實在是不合理。

近二十年來，天文學的巡天計畫（Panoramic Survey telescope and Rapid Response System，簡稱Pan-STARRS）的發展，更找出了越來越多類似地球環境的行星，有液態水、溫度適當，可以孕育類似地球的生命系統。因此外星文明的存在，對一般人而言似乎愈來愈無庸置疑。

事實上好萊塢大導演史蒂芬・史匹柏一九七七年執導的科幻電影《第三類接觸》（Close Encounters of the Third Kind），就是與外星人接觸的科幻電影的里程碑之一。不只是因為它特別的影響力，也因為《第三類接觸》將外星人描述為溫和友善的，這與其它早期的電影大不相同。一九八二年史蒂芬・史匹柏執導的外星人來到地球的電影《E.T.》，更是轟動全球，也引發了科學家尋找外星人的熱潮。

一九八〇到一九九〇年代，美國哈佛大學開始了尋找外星智慧計畫（Search for ExtraTerrestrial Intelligence，簡稱SETI）。一九九二年，美國政府曾經補助航空暨太空總署（NASA）做了一年SETI計畫，後來被參議院砍掉經費。期間內，為了增加電腦運算的速度，還發展出網格計算（grid computing）的技術，號召所有對天文有興趣的人士，在晚上睡覺時把個人電腦接上網路，讓SETI總部可以將無線電望遠鏡所掃描到的天空資料分割開來，分別利用幾十萬、甚至上百萬的電腦來各自進行計算，可以大幅提高分析數據的效率。我記得當時讀高中的女兒就加入了這個計畫，每天晚上打開電腦連上網路聊盡自己一份力量。不過這個計畫以失敗告終，因為找不到有意義的無線電信號。

二〇一五年，俄國一位因投資網路成功的億萬富翁尤里・米爾納（Yuri Milner）為了紀念一九六二年他出生時第一位進入太空的俄國太空人尤里・加加林（Yuri Alekseyevich Gagarin），捐款美金一億元給英國劍橋大學物理學家霍金（Stephen William Hawking）來主導尋找外星人計畫。其中包括設計一個奈米風帆，攜帶著微型攝影機，用雷射光加速航向最接近太陽的恆星——半人馬座的α星，拍照傳回地球，估計要花二十年的時間。**試想半人馬座的α星距離地球四點三光年，用無線電波傳送信號，就要花八點六年才能來回一次。更不要說更遠的恆星了，耗時更久。也就是說用無線電波來與外星人通信是沒有意義的事情，除非找到更快的方法。**

問題是愛因斯坦的相對論指出，我們宇宙中最快的速度是光速，若想超光速，看來問題是無解了。而我們所發現的虛數時空，也就是靈界，是沒有時間、空間以及速度的限制，看來利用靈界是解決星際通信的唯一的辦法。

尋找外星人計畫的另一項工作，是用無線電望遠鏡搜尋太空中有意義的無線電波信號，類似三十多年前的SETI計畫。問題是地球上人類的文明在一九〇一年馬可尼（Guglielmo Marconi）才發明用無線電波橫越大西洋通信的技術，因此十九世紀以前的文明，是不可能用無線電波去聯絡的。一百多年後，也許人類又會發現更先進的通信工具，如量子或撓場通信這種可以穿越虛空作為星際通信的工具，而不再使用電磁波。因此使用無線電望遠鏡，只有可能找到與人類現在一樣使用電磁波為主要通信工具的文明，比較先進或落後的文明都找不到。

運用天眼，尋訪外星人

二〇〇二年六月，我們想到可以利用天眼穿越虛空，到遠方的先進文明世界去參觀，但是要怎麼做呢？

我們想到可以懇請T小姐在靈界的師父幫忙，帶領T小姐的天眼意識，去找到先進文明所在之位置，以及觀察外星人生活的情形。於是在六月二日我們開始實驗，用紙條寫下問題，由T小姐以手指識字方式送給她的靈界師父，如下頁圖6-1第一列所示。

T小姐問：「師父，你可不可以介紹一個外星人與我們聯繫？是不是要利用信息場作為媒介，再經過天眼？」

手指識字三分鐘後，T小姐天眼一開，把問題送出去了；再過三分鐘後，師父在天眼出現，以「點頭」表示同意，接著用英文抱怨我們：「Are you guys not satisfied?（你們這些傢伙還不滿意嗎？）」表示我已經告訴你們那麼多的祕密還來煩我。

圖6-1　以手指識字向Ｔ小姐師父提出訪問外星文明的請求

日期：2002 年 6 月 2 日

正確答案

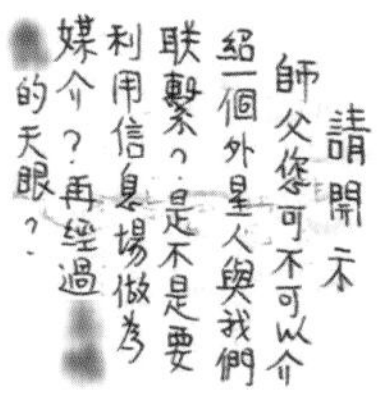

實驗紀錄

- 14：59：20　開始。
- 15：02：25　看見空白螢幕（訊息送出）。
- 15：05：00　看見師父點頭。
- 15：05：20　聽見師父說：「Are you guys not satisfied？」
- 15：06：40　看見師父笑一笑說：「下一次。」
- 15：07：35　看見空白螢幕。

日期：2002 年 6 月 30 日

正確答案

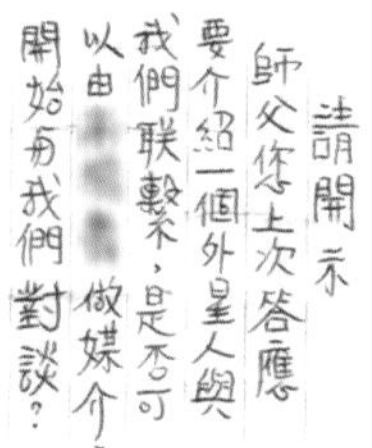

實驗紀錄

- 16：56：10　開始。
- 16：56：30　聽見師父說：「不用急，我會主動跟你們介紹。」
（沒用手指識字，Ｔ小姐直接問）
Ｔ小姐問：「您是神靈啊！怎麼可以說話不算話？」
師父說：「唉呀，不要急啦！」

日期：2002 年 12 月 26 日

正確答案

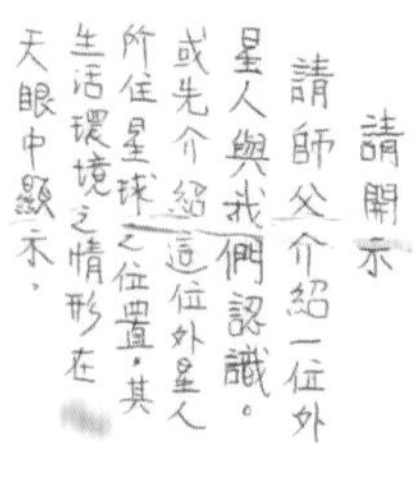

實驗紀錄

- 09：50：24　開始。
- 09：52：25　訊息送出去了！
- 09：53：08　師父問：「Any kind, no specific？」
Ｔ小姐回答：「any kind.」
- 09：54：00　師父說：「Let me find for one week！」
（天眼一直閃）
（Ｔ小姐說師父好像在找東西，看到他手在動，在找東西）
- 09：55：43　師父說：「hmm……ok！I will tell her slowly.」

我趕緊捧師父說：「您大德大能、法力無邊，我們有心求道尋訪外星人，您就幫幫我們吧！」

一分鐘後，祂笑一笑說：「下一次。」實驗就結束了。

到了六月三十日，我們再次進行手指識字實驗，在紙條上寫下問題。

T小姐問：「師父，你上次答應要介紹一個外星人與我們聯繫，是不是可以開始與我們對談？」

師父說：「不用急，我會主動跟你們介紹。」

顯然祂忘記了，我們開始責備師父。

T小姐問：「您是神靈啊！怎麼可以說話不算話？」

師父說：「唉呀，不要急啦！」

我聽見祂有點生氣了，不敢再逼，以免祂真正生氣不帶我們去聯繫外星人了。

等了半年，師父仍然沒有主動介紹，於是在二〇〇二年十二月二十六日，我們再次進行手指識字實驗，在紙條上寫下問題。

T小姐問：「請師父介紹一位外星人與我們認識，或先介紹這位外星人所住星球的位置，其生活環境情形在天眼中顯示。」三分鐘後，回答來了。

師父答：「Any kind? no specific?」

師父答應了！狂喜之下我馬上回應：「no specific !」講完後就後悔了，應該去看先進文明的星球，不需要再去看恐龍獨大的世界。一分鐘後，師父的回答來了。

師父答：「Let me find for one week !」他需要一個禮拜時間去找。

接著，我注意到T小姐手掌上量到的電壓不停地出現一個又一個脈衝，表示天眼一直在閃，我問怎麼回事？T小姐說看到師父的手在動，好像在找東西，我猜祂是在虛空的觸控平板上撥動銀河星系圖，找一顆適合我們去參觀的星球，就像我們轉地球儀一樣，在找地球上某一國的位置一樣。果然一分四十秒後，師父的回答來了。

師父答：「hmm……ok ! I will tell her slowly.」

祂已經找到了，但是會慢慢地讓T小姐看。

果然不錯，二〇〇二年底，師父帶T小姐的意識去看了一個外星文明，T小姐把外星人畫了下來，如左圖6-2左方所示。她看到的外星人有兩個眼睛、兩個鼻孔、一個嘴巴、兩個耳朵但沒有耳廓，有雙手雙腳，但手只有三個手指，其中一個指尖碩大，就像好萊塢大導演史蒂芬・史匹伯所拍的電影《E.T.》裡面的外星人，我突然懷疑起史蒂芬・史匹伯是否像我們一樣也看過外星人。

T小姐向我們這樣描述她看到的外星人：「看不到腳」、「行動真的很快」、「皮膚很黑有些發亮、像是穿著一層外套」、「他頭上像是有一根天線，因為我注意到外星人沒有手機，但是自言自語，好像是在通信」。

到了十多年後，我才明白為什麼看不到外星人的腳？為什麼行動很快？因為他們腳上都穿了步行器，能快速來回擺動行進所致。

接著，T小姐看到一顆時髦的樹，上面掛滿了閃亮的燈，如下圖6-2右方所示。樹的周邊一片黑暗，沒有陽光像是晚上。這倒很像地球人類文明中晚上在樹上掛燈的習慣。

圖6-2　T小姐所看到的外星人及樹

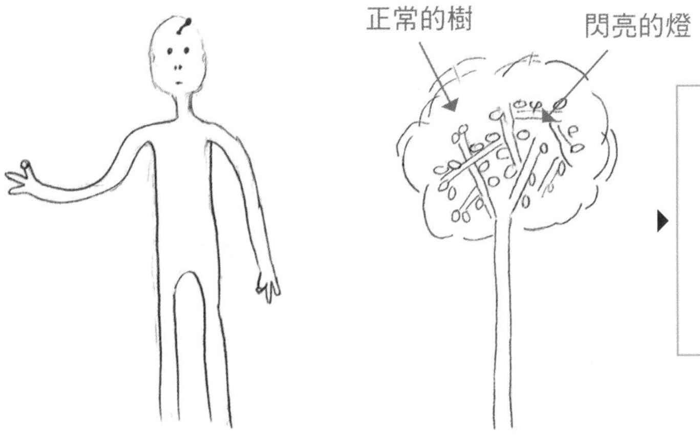

左邊是T小姐看到外星人的頭上有一根天線。右邊是看到一顆掛滿閃亮的燈的樹。

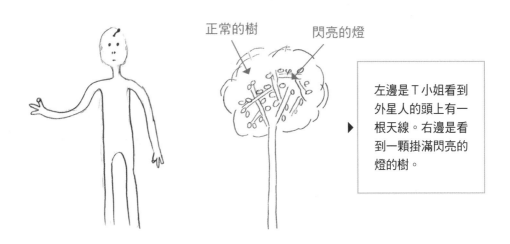

後來，T小姐又看到一個像魔術盒的機器，如下圖6-3左方所示。她看到外星人用手指在鍵盤上打字，突然有一個東西從魔術盒出來，外星人一下就把這個東西放入嘴巴吃掉，速度太快看不清楚。

於是我們請問師父這個機器有什麼用途？師父回答：「這是他們所發明的，可以獲得任何東西。」

哇賽！這不是哆啦A夢（機器貓小叮噹）的任意機嗎？我突然開始懷疑哆啦A夢的作者藤子不二雄是否也去過外星參觀？顯然外星人輸入食物名稱後，食物就送出來了，被外星人一口吃掉。

接著，T小姐到了外面空曠的地方，又看到許多三隻腳的機器，如下圖6-3右方所示。於是我們請問師父這個機器有什麼用途？師父回答：「交通工具。」像是小飛碟。

圖6-3　T小姐看到的外星機器

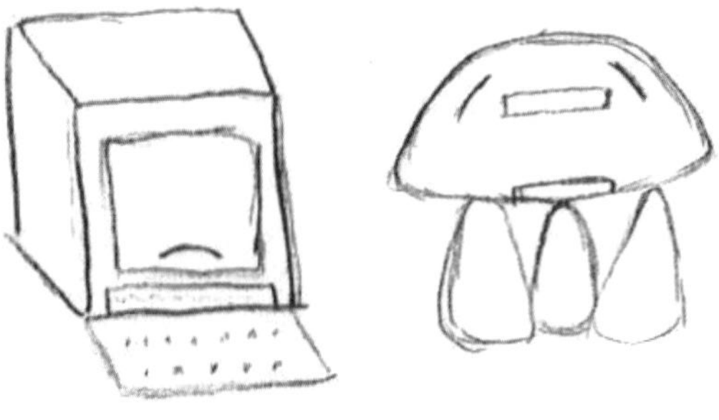

左邊是魔術盒的機器，可讓外星人獲得任何東西。右邊是如同小飛碟的交通工具。

參觀完後，我開始透過T小姐，請教師父一些關於這個星球文明的問題。

我問：「這個外星人所居住的星球是在我們的銀河系中嗎？」

師父答：「YES！」

我問：「是在哪一個星座？」我攤開星座圖。

師父接連回答：「Twenty, Thirty. Go up and little left.Pretty close.」

Twenty, Thirty. 指的是天球上的赤經赤緯，如二六一頁圖6-4所示，此星球所在地在天鵝座（Cygnus）。旁邊是織女、牛郎及天津四所組成的夏天大三角。後來我用天文物理界所用的Sky-6星座軟體，不斷放大附近的恆星群，再由師父經過T小姐天眼指認為一顆距離地球四百三十八光年的中等恆星的行星，也就是電磁波來回一次要八百七十六年。如果從宋朝時發射一個電波信號去打招呼，要到現在才能收到回音，再次表明用電磁波做星際通信是毫無意義的事情。

我繼續經由T小姐請教師父問題。

我問：「他們的科技層次如何？可以進入信息場到地球來嗎？」

師父答：「比你們好。是的！他們可以來地球，來過好多次了。」

我問：「他們吃的東西與我們是否不一樣？」

師父答：「Yup！不同。」

我問：「他們的遺傳基因是否也是DNA？」

師父答：「他們也有這些東西。」

我問：「下次來地球時，我來接待可以嗎？」

師父答：「哈哈！沒那麼容易，時間不對。」

我想了很久，為什麼時間不對？後來終於想通了，如果今天有消息說外星人要來地球了，地球文明可能馬上會崩潰。外星人能穿越時空阻隔而來，顯然科技遠比我們進步，地球人絕對不是對手，整個社會將因恐懼而迅速崩解。他們什麼時候來地球不會造成恐懼呢？只有當人類的穿戴式科技發展到把手機淘汰，每人用頭上一根或兩根天線代替手機，這時天鵝座的外星人就可以來了，他們可以隱身人群之中，誰也不知道，就比較不會造成驚恐與混亂。

圖6-4　外星人所居住的星球位置

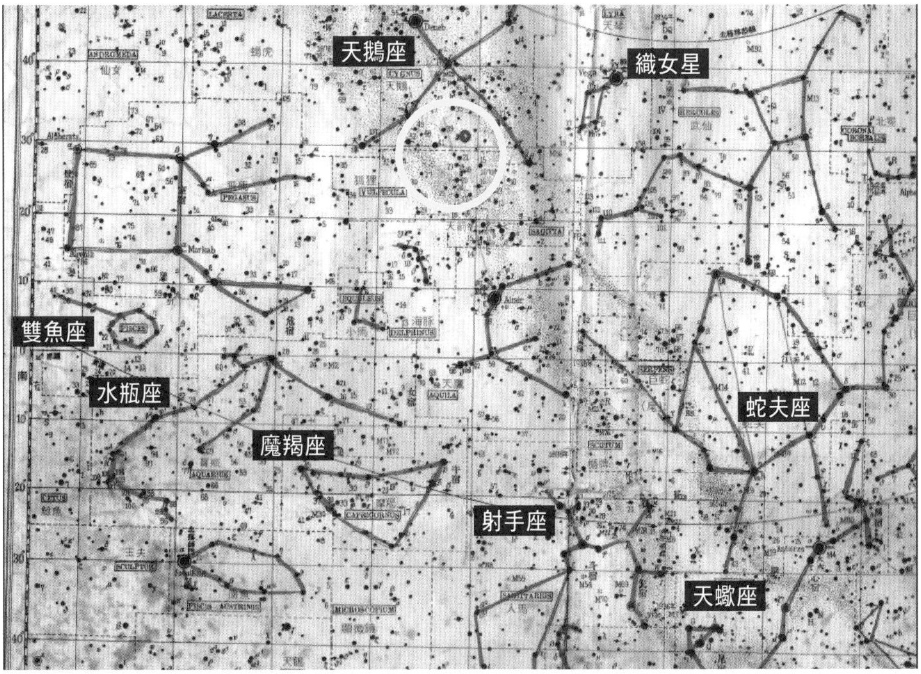

圖中小紅點為外星人星球的所在位置，該星球在我們銀河系的天鵝座。

外星世界的獨立驗證

當然，T小姐一個人用天眼所看到的外星世界並不能說服其他人，因此需要另外獨立的驗證，於是我前往北京中國地質大學人體科學研究所，找到沈今川教授及大功能人孫儲琳女士重複這個實驗。

孫女士的神奇且驚人的念力可以參考《是潛能？還是特異功能？》一書，她功能強大不需要師父協助，自己可以遨遊宇宙。她也不認識T小姐，不知道我們曾經做過的實驗。因此我帶著星座圖請她去天鵝座的外星文明去看看頭上有一根天線的外星人。沒想到她一轉頭停了兩秒就說看到了，我一算兩秒鐘的天眼意識來回走了四百三十八光年一次，因此意識在靈界的速度至少是光速的三乘十的七次方倍快。

但是，孫女士說：「我看到的外星人頭上有兩根天線，不是一根。」

我說：「上次我們明明看到的是一根，怎麼會變成兩根，是不是看錯了？」

只見孫女士回頭一下，天眼意識又去了外星一趟。

孫女士說：「我去問了外星人，上次李教授看到你們是一根天線，為什麼你現在是兩根天線？」外星人跟我說：「你看，一根天線縮進頭部就只剩下一根了」。

我問：「他們怎麼溝通的，有用語言嗎？」

她說：「沒有，都是心電感應。」

這下出現新的狀況了。雖然孫女士證實外星人頭上是一根天線，但有時會有兩根，這也需要重複驗證；回到臺北後，我也請T小姐再去天鵝座的星球看看，是不是真的像孫女士所講的一樣，外星人頭上有時是兩根天線，有時是一根？

二〇〇四年三月二十八日做手指識字實驗時，T小姐的天眼意識跟隨師父一起去到天鵝座的外星，她發現師父可以跟外星人講話。外星人一下子頭上兩根天線、一下子只有一根，表示外星人可以跟靈界師父溝通，比我們人類強太多了。後來到另一個地方，那裡有一群外星人都是兩根天線，抬頭在看東西。後來又到一個有螢幕的房間，裡頭有三到四個外星人，但是看不清楚螢幕。於是我請T小姐問師父，外星人何時頭上只有一根天線，何時有兩根？師父回答說：「要接受信號時，就有兩根天線。」

這下讓我陷入極度困惑中，外星人科技遠比人類高，幹嘛多此一舉用兩根天線來一發一收，我們人類用的手機只要用一根天線既可發射也可接收，真是太奇怪了。

幾個月後我突然了解到我搞錯了，師父所謂的接收信號，是接收意識的信號，不是接收電磁波的信號，原來外星人早已了解意識的物理，因此製造出一根意識天線，插在頭部直接與外星人意識溝通，可以做星際通信及與神靈溝通之用，功效強大。另外一根天線應該是普通的電磁波天線，是作為星球內部通信之用，這也解釋了為何師父與外星人溝通的時候，有一根天線也就是意識天線要一伸一縮；不用意識的時候，就只剩一根電磁波天線。

二〇〇四年一月一日，我們去文化大學曉峰紀念館的八樓做手指識字實驗，T小姐的天眼意識又跟師父去參訪天鵝座的外星文明，如二六六頁圖6-5上方所示。她看到一個大螢幕，外星人排列得整整齊齊在看螢幕上的紅橘色球體，還在講話，重要的是他們頭頂上的天線頂端是亮著的，像一個圓球，如圖6-5中間繪圖所示。我請T小姐問師父。

T小姐問：「螢幕在做什麼？」

師父答：「可以看到宇宙中任一星球。」

哇！這可能是此星球的太空總署，外星人發展出的意識技術已經可以把宇宙中任一星球調到螢幕上，讓外星人品頭論足討論是不是要去探險。我突然想到是不是可以把地球調上他們的螢幕，讓他們看看地球的文明，引發他們興趣來到地球探險。

T小姐瞬間看到螢幕上出現藍色的地球，外星人突然湧入，動作快速，瞬間排成一列列，頭頂上的天線是亮著的。T小姐問師父能否把螢幕拉近，師父瞬間消失。她看到地球景象不斷拉近，外星人的說話聲音越來越大，突然T小姐看到紅色屋頂出現，是一根紅色主樑由下方兩根兩根成三角的紅色短樑架住，那就是曉峰紀念館的屋頂，如下頁圖6-5最下方照片所示。我意識到外星人的螢幕景象逼近我們實驗室了，於是我馬上命令所有在場的學生揮手向外星人打招呼，我相信外星人看到我們了，只是到今天已經十四年了，還沒有絲毫跡象顯示他們對地球有興趣。

圖6-5　T小姐觀察外星人聚集

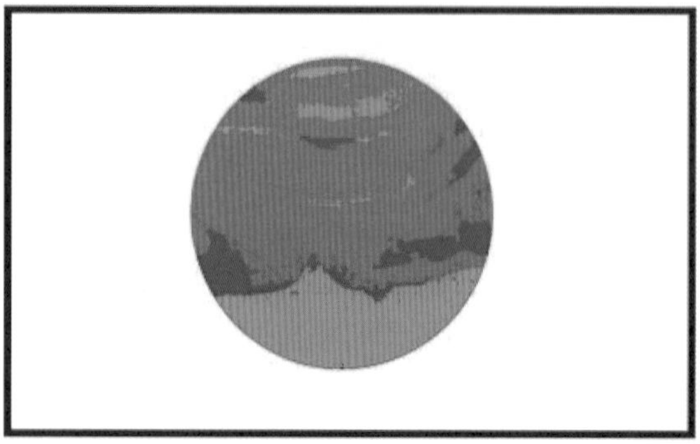

T小姐看到外星人排列得整整齊齊在看螢幕上的紅橘色球體，重要的是，外星人頭頂上的天線頂端是亮著，像一個圓球。

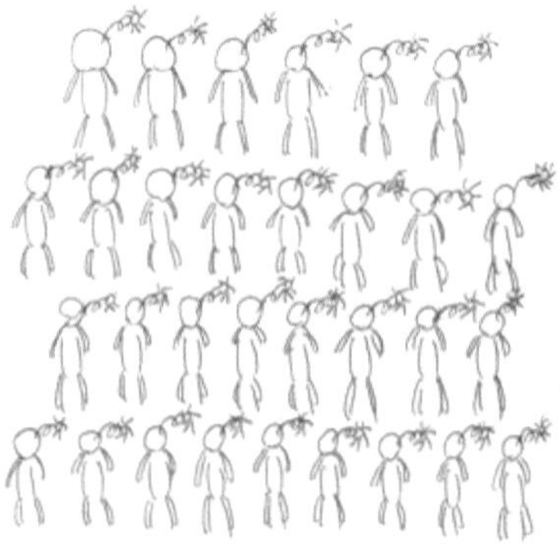

T小姐從外星人螢幕上看到的紅屋頂，就是文化大學曉峰紀念館的屋頂。

二〇一四年年底，湖北省博物館將鎮館文物運到臺北歷史博物館來展覽，叫做「武當山展」，展出湖北省出土中國歷代歷史文物及武當山道家傳承各種文物。我找了一天下午與內人一同去參觀，進門口的第一塊石碑（如圖6-6所示）吸引了我的注意，這塊長方形石碑在湖北省秭歸縣（屈原的故鄉）出土，是距今四千七百年至五千八百年，也就是黃帝之前兩百年至一千三百年前的文物，被稱為中國第一塊先民祭拜太陽神的證據，因為石碑中央上方有一個像太陽之物，稱為太陽神紋石碑。

圖6-6　中國出土的第一塊太陽神紋石刻

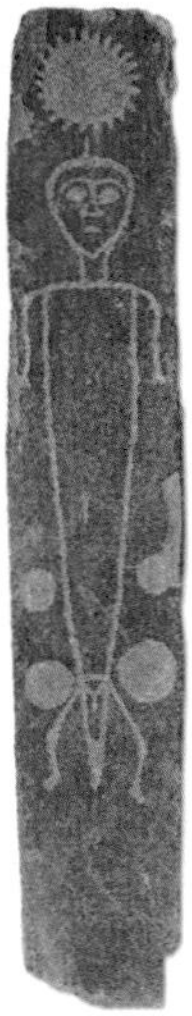

石碑中的太陽神很像人類，只是頭頂有一個尖尖之物，就像識字實驗時看到的天鵝座外星人。

太陽神很像人類，只是頭頂有一個尖尖之物，考古學家不知道是什麼東西。太陽神腳上套有一個架子，頭頂的火球還會落在身體四周，我仔細一看不禁大感振奮，這不就是天鵝座的外星人嗎？

頭上尖尖之物就是天線，天線頂端還有火球，就是意識天線放電的現象，可以與星際通信或神靈溝通。

我回家後立刻請T小姐及孫儲琳女士去看天鵝座外星人的腳到底長什麼樣子。兩人都回報說外星人腳上穿了一個步行器，像節拍器一樣快速地來回拍動，很難看清楚。我馬上理解到這是考古學上極為重大的發現，證明了天鵝座的外星人在五千多年前曾來到秭歸，顯然把他們的科技成果傳授一些給當地人民，從此融入中華文化的一部分，到底是哪一部分，未來可以詳細研究。

而她們看到的外星人有兩個天線、火球及步行器讓我突然了悟到這就是《封神演義》中哪吒的原型，哪吒腳踏風火輪頭上兩個髻，原來早年傳說的神仙，可能就是外星人的縮影，突然之間我對神話傳說產生了無窮的敬意。首先進文明中的外星人到了地球，展示了他們的高科技，被先民視為神仙而留下了傳說。

原來地球並不是封閉的生命體系，高科技的外星人也許早就來到了地球，做了許多實驗，包括基因轉殖的實驗，就像我們人類現在所做的一樣。這讓我開始對達爾文的演化論產生了懷疑，演化論有一個基本的內在假設，這個假設就是：「地球是一個封閉的生命體系，沒有外太空來的智慧體系干擾」，顯然這個假設已經崩潰。

柏拉圖《理想國》的外星文明

二〇〇四年，中國地質大學的高功能人孫儲琳女士在她外星師父的帶領下遨遊了一些外星文明，其中一個文明竟然是柏拉圖在他的著作《理想國》中所描述的世界，如左圖6-7所示。這顆星是獵戶座SAO 100012恆星的行星，離地球有一百九十七點七九光年之遠。

外星人雙手雙腳都很短，腳是方形的，身體外套了金屬殼，如圖6-7左上方所示，中間為外星人所住房子，下面為他們的交通工具。由金屬顏色判斷，有金銀銅三種金屬，金殼人最少，似乎地位最高，銀殼次之，銅殼人數最多，地位似乎最低。穿金殼的外星人似乎是國王貴族，穿銀殼的像是武士及統治階層，穿銅殼的像是百姓。為了驗證這項觀察是否確實，我請T小姐也去同一星球觀察，的確她也看見到處穿著金屬殼的外星人還在戰爭。生病的時候，外星人的銅殼還會變成綠色，好像生了銅綠。

柏拉圖的著作《理想國》中有一段在描寫理想的社會組成型態：社會必須有一些摻金質的、摻銀質的及摻銅質的人組成，最好不要混雜。這一段話在一九八〇年代美國史丹福大學校園中曾經引發文化論戰，認為柏拉圖提倡階級主義，不適合現代社會，準備把《理想國》踢出校園，不得做為通識教育的教材。但是這段話顯示出在兩千四百年前柏拉圖或許曾跟我們一樣利用開天眼的人遨遊外星文明，希望找出可以作為人類學習的社會型態，寫入他的著作，影響西方文明高達兩千年。

所以人類學習的典範在哪裡？就在天上無數的外星先進文明中。

圖6-7　獵戶座 SAO 100012星系的外星人

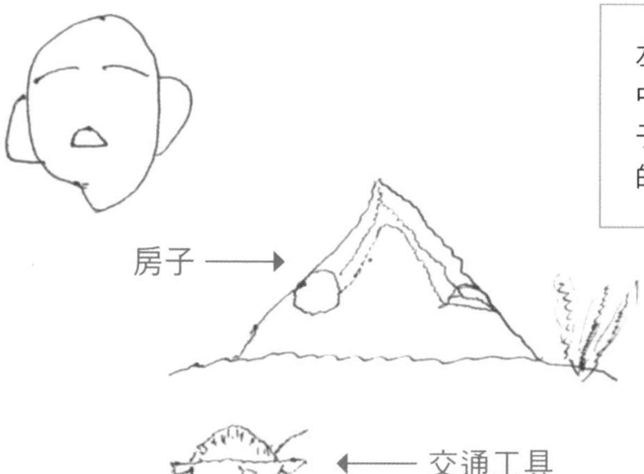

左上方是外星人，中間是外星人的房子，下面是外星人的交通工具。

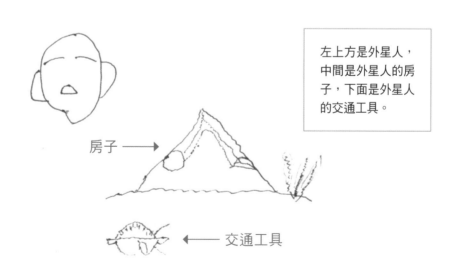

外星的瞬間科技

孫儲琳女士去訪問的五個先進外星文明中，發現外星人都已經發展出「瞬間科技」，也就是用小桿子一揮，或是手指一彈，東西就瞬間出現了。孫儲琳女士及T小姐的天眼都曾到后髮座SAO82313星系去參觀看到的外星人，頭上都有一根天線，與天鵝座外星人很像，如左圖6-8所示。她們要什麼東西就用小桿子揮一下就可以了，就像西方神話中的小精靈一樣，拿個仙女棒點一下，東西就出來了。原來中西的神話都在傳述高科技外星人的先進科技，人類當時做不到，只能視為仙人。

圖6-8　在后髮座SAO 82313星系的外星人，左方是孫女士所繪，右方是T小姐所繪

孫女士及T小姐到后髮座 SAO82313星系參觀時看到的外星人，頭上都有一根天線，與天鵝座外星人很像。

外星通信新科技

從外星人所發明的瞬間科技，我們了解到由於外星人了解意識的物理，因此可以做出意識天線，讓意識穿入虛空，不僅可以遨遊宇宙，與神靈溝通，在虛空中還可以「心想事成」，創造出任何東西，再把它物質化，瞬間在實數空間創造出物體，成就了瞬間科技。

我們人類要想與他們連繫，至少要找到可以穿隧進入虛空的工具，很幸運的是，我們現代科技至少有兩種工具可以用，一種是量子糾纏現象，另外一種是撓場，也就是時空扭曲的場，都可以穿入虛空。

量子糾纏不能用兩光子糾纏，因為在虛空中它的速度仍然是光速，必須用兩個原子糾纏，位在實數空間速度慢，其進入虛空的相對速度可遠遠超過光速，達成星際通信目標，當然通信前必須雙方訂定通信的標準，否則根本不可能傳送或接收有意義的信號。

第一套通信的標準必須要靠像孫儲琳女士一樣的大功能人，直接與外星人溝通，建立如摩斯碼一樣的標準。有了標準就可以像四十年前我們留學美國時，都是以電報來快速與家裡通信，電報用的就是摩斯碼。等到星際通信技術成熟以後，逐漸發展出意識翻譯器，就可以與外星人直接交談。另外一種撓場通信，就必須等待我未來的書來解釋如何達成。

現代文明未來的發展方向

我提出的兩個模型：複數時空以及虛數代表意識兩個模型的提出，已經替宇宙大中小尺度的謎團架構出一個統一解釋的平台。這本書中我嘗試用這個平台提出謎團的解釋，雖然不一定完全正確，但總是打開了一扇門。希望有興趣的讀者可根據這個平台來解釋你工作領域碰到的難題。我相信這種理解已經指出現代文明發展的方向，並引領我們找到外星人。

國家圖書館出版品預行編目資料

靈界的科學：李嗣涔博士 25 年科學實證，以複數時空、量子心靈模型，帶你認識真實宇宙 / 李嗣涔著 . -- 初版 . -- 臺北市：三采文化， 2018.10
面； 公分 . --（Focus ; 86）

ISBN 978-957-658-059-8
1. 科學 2. 超心理學 3. 通俗作品

307.9 107015446

◎封面圖片提供：
BAIVECTOR ／ Shutterstock.com

◎特別感謝：
・ 雲南大學物理系朱念麟教授 授權使用 P.117 圖 2-20
・ 沈今川教授及孫儲琳女士 授權使用 P.182 圖 3-27
・ 湖北省博物館、湖北省文物考古研究所 授權使用 P.267 圖 6-6

suncolor 三采文化集團

FOCUS 86
靈界的科學
李嗣涔博士25年科學實證，以複數時空、量子心靈模型，帶你認識真實宇宙

作者｜李嗣涔
副總編輯｜鄭微宣 責任編輯｜劉汝雯
美術主編｜藍秀婷 封面設計｜李蕙雲 美術編輯｜陳育彤 插畫｜王小鈴
行銷經理｜張育珊 行銷企劃｜周傳雅

發行人｜ 張輝明 總編輯｜ 曾雅青 發行所｜ 三采文化股份有限公司
地址｜ 台北市內湖區瑞光路 513 巷 33 號 8 樓
傳訊｜ TEL:8797-1234 FAX:8797-1688 網址｜ www.suncolor.com.tw
郵政劃撥｜ 帳號：14319060 戶名：三采文化股份有限公司
初版發行｜ 2018 年 10 月 5 日 定價｜ NT$420
12 刷｜ 2024 年 3 月 10 日

suncolor

suncolor